U0334362

「龙·计划」五龙庙的故事

LONG
PLAN

Story of
the
Five Dragons
Temple

同济大学出版社
Tongji University Press

　　"龙·计划"是一个关于中国古建筑保护的公益项目,旨在通过众筹,唤起社会对山西文物建筑保护的关注,众筹所得款用于唐代文物建筑芮城县五龙庙的环境整治项目。"龙·计划"由万科集团、山西省文物局、芮城县政府、万科集团太原分公司、URBANUS都市实践建筑设计事务所、清华大学建筑设计研究院建筑与文化遗产保护研究所、《山西青年报》等7家单位共同发起,万科公益基金会提供支持,并对"龙·计划"专款进行资金管理。这是中国第一个针对文物建筑保护领域的公益众筹项目。

　　从万科"盘龙"到山西五龙庙,从米兰梦回唐朝,历史与现实、传承与发展,在这一刻完美融合,"龙·计划"由此得名。

二〇一二

二〇一三

二〇一四

2014/06/25
山西—芮城
国家文物管理部门主导的五龙庙文物本体修缮完工

2013/04/23
山西—芮城
芮城县政府领导初次听取万科集团高级副总裁丁长峰及设计团队概念方案汇报

2013/03/10
山西—芮城
URBANUS 都市实践王辉与万科太原公司设计部人员现场考察五龙庙

2012/04/29
山西—芮城
万科集团高级副总裁丁长峰一行初访五龙庙

二〇一五

Building
Community
through
food

2015/07/31

北京｜国家文物局

国家文物局专家听取「龙·计划」团队汇报五龙庙环境整治方案，并对方案提出相关意见和建议

2015/06/08

米兰｜世博会万科馆

「龙·计划」正式发布，五龙庙环境整治方案第一次向世界展示

2015/05/20

山西｜芮城

芮城县政府与万科集团就五龙庙环境整治项目举行合作签约仪式

2015/05/01

米兰

米兰世博会开幕，万科馆正式对外开放

二〇一五

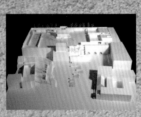

2015/10/22
山西｜芮城
五龙庙环境整治现场动工

2015/09/25
北京｜三井胡同26号
2015北京国际设计周「龙·计划」
展厅开幕·「龙·计划」面向社会
众筹资金

2015/09
北京
国家文物管理部门批准了最终
版五龙庙环境整治设计方案

2015/08/22
山西｜芮城
运城市考古队对场地进行考古
勘探

2016/05/13

山西—芮城大酒店

山西省芮城县五龙庙庙环境整治工程竣工晚宴·芮城县政府及山西省文物局领导出席

2016/05

山西—芮城

中国驻米兰总领事王冬、国家贸促会副会长王锦珍、意大利驻华大使谢国谊(H.E.Ettore Francesco Sequi)为五龙庙环境整治工程全面竣工发来贺词

2016/04/29

山西—芮城

项目施工基本完成·'龙·计划'团队赴施工现场验收·现场进行佛光寺斗拱模型吊装仪式，并为五月中旬的正式竣工做准备

2015/10-2016/04

山西—芮城

开工后·'龙·计划'团队多次赴施工现场查勘工程进展和施工品质

二〇一六

2016/09/29
北京—劝业场
2016北京国际设计周谈心聚场
之「『有龙则灵』」——从世博会中
国馆到五龙庙

2016/09
北京—劝业场
[龙·计划]团队在2016北京国
际设计周展览[有龙则灵]

2016/06/04
山西—芮城
《建筑学报》主办[五龙庙环境整
治工程专家研讨会]

2016/05/14
山西—芮城
五龙庙环境整治工程竣工仪式及
向芮城县政府交接仪式

二〇一七

山西—芮城

山西省各级政府领导关注和关怀
五龙庙环境整治项目，并多次到
现场调研

2017/05/14
山西—芮城

「龙·计划」团队纪念五龙庙建成
一周年植树祈福

目 录

「龙·计划」
五龙庙的历史

LONG PLAN
History of the Five Dragons Temple

山西芮城广仁王庙唐代木构大殿

贺大龙

广仁王庙，俗称"五龙庙"，位于芮城县城以北4公里的中龙泉村村北的土垣之上，北望中条山，南眺黄河，东南是古魏城。有"泉出于庙之下"，号"龙泉"，泉"分四流浇灌百里，活芮之民"，"祠因于泉，泉主于神，能御旱灾"。庙宇坐北朝南，占地面积3700平方米。现存龙泉池、院门、戏台和龙王殿以及唐代、清代碑碣五块。该"庙创建年代不详，现存建筑正殿为唐大和五年（831）遗构，是国内现存的四座唐代建筑之一"[①]。2001年被公布为全国重点文物保护单位。

正殿又称"龙王殿"，面宽五间，进深三间。坐落于高1.35米的台基之上，正中设青砖垒砌踏步六级。屋顶形制为厦两头造，筒板瓦屋面，正、垂脊和脊兽皆为灰陶烧制。梁架为四架椽屋通檐用二柱，四椽栿上以两只驼峰加大斗承垫平梁，梁上正中立侏儒柱、两侧施叉手承脊槫，梁端前后设托脚斜抵梁首；两山各设丁栿（劄牵）四只，平置于四椽栿背。斗栱五铺作双抄偷心造，不设补间；前后檐里转出单抄承四椽栿，两山出双抄承丁

© 2013年8月前广仁王庙正殿及环境

* 此文曾发表于《文物》杂志2014年08期。

栱;转角铺作正侧身斗栱与柱头同制,45°角线亦出两卷头,里转出双抄承隐衬角栱(劄牵)。前檐当心间开板门两扇,次间为直棂窗,稍间两山及后檐青砖墙体砌至阑额之下。

1959年《文物》第11期发表了酒冠五先生《山西中条山南五龙庙》一文,认为"正殿建筑结构,虽经后代屡次修整,但仍保存了唐代的风格。"傅熹年先生认为:"殿身四壁及装修已非原物。但以构架及斗栱的做法看,应是晚唐建筑。"[②]柴泽俊先生认为:"瓦顶、檐墙、翼角、门窗等处,后人补修时变更原制",但"梁架、斗栱等主体结构部分,仍是唐代原构,应当予以重视。"[③]现状中大殿翼角起翘甚高,出檐略短,台基较高,外观看去都与同期建筑的风格相去甚远。然诚如诸位先生所言,其梁架、斗栱仍为唐制,且保留了其他三例唐构中所未见的独特形制与做法。

一、创建与沿革

广仁王庙庙内遗存有唐代碑、碣各一通,清代碑、碣三块。唐元和三年(808)《广仁王龙泉之记》叙述了县令于公凿池通渠,兴修水利之事,并借引西门豹引漳治邺之典,对此"见百里之泽""活芮之民"之功绩大加赞誉。碑载:"龙泉乎泓深数寸之源,淫曳如线之派。邑大夫于公顾而言曰:'水之绩也,不厚固,不能以流长'……开夫填于广夫潒缘数尺之坳,致湛澹之势,周迴山百三十有二步"。由是,菰蒲殖、鱼鳖生、古木骈罗、曲屿暎带,前瞻荆岳,却背条岭,足以盖邑中之游选矣,傍建祠宇,亦既增饰意者。"值得一提的是,碑中三处用"民"字之处,皆用缺笔之"㞢"代替,系为避太宗李世民之名讳。

唐大和六年(832)《龙泉记》载:"县城北七里有古魏城,城西北隅有一泉,其窦如线,派分四流,浇灌百里,活芮之民,斯水之功也。倾年巳士遇旱歉,前令尹固而祷之,遂得神应,乃降甘雨,始命为龙泉。已制□,图其形,写龙之貌,为乡祷祀之所。"唐大和五年(831)秋,

六年春,无雨不及农用"有神人贻梦于群牧使袁公,于是率所部备酒脯敬诣神,祝之:如神三日之内下降甘雨,我将大谢。夜二更,风起云布甘泽大降。由是,命乡人刻除旧舍,建立新宇,绘捏真形,丹青四壁,古木环绕,山翠迴合,乃自然肃敬之地"。

由上述二唐碑记载可知,元和三年修筑龙泉池,周围百三十有二步,旁建祠宇,并绘制龙王形象。大和五年秋至六年春,遇旱,县吏亲祀得应,随命乡人刻除旧舍建立新宇,可以认定,庙宇始建年代为唐元和三年,即公元808年,大和六年重建。结合龙王殿现存主要风格特征,该殿当是大和六年即公元832年的遗存。之后,历宋、金、元、明四朝皆无史料可稽。清代《重修广仁王庙乐楼记》载:"乾隆十年(1745)庙貌维新……重修乐楼与正殿东墙";乾隆十一年(1746)《重修广仁王庙序》未提及修葺内容;嘉庆十七年(1812)《重修广仁王庙乐楼记》载:"自乾隆十年修葺历年滋久,殿宇墙垣乐楼俱覆倾圮""嘉庆丙寅十一年(1806)先建乐楼,至辛

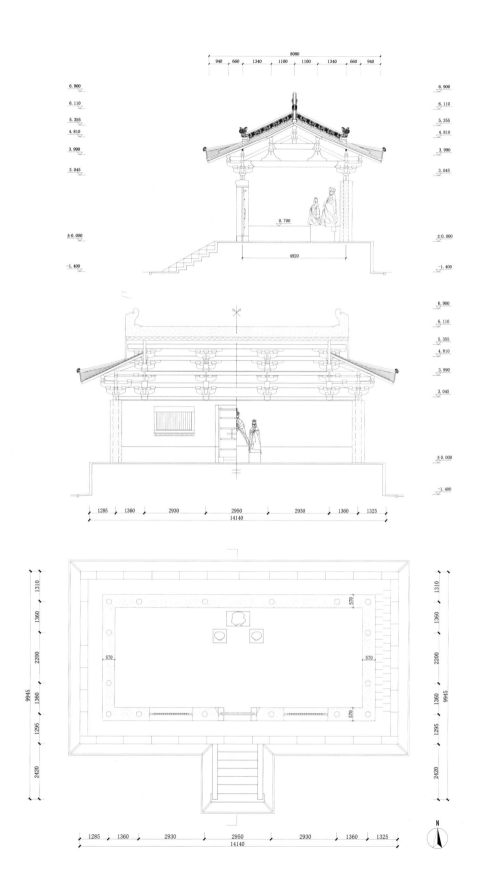

◎ 广仁王庙大殿横剖面图

◎ 广仁王庙大殿纵剖面图

◎ 广仁王庙大殿平面图

未（1811）粧饰殿宇整理墙垣"。梁架中有清乾隆十年、光绪三十二年（1906）和1958年重修广仁王庙题记。

二、结构与特点

㈠　平面

大殿面宽五间，进深四椽，通面阔11.47米，当心间2.95米，两次间2.90米，两稍间仅1.36米，不及明次间之半。通进深4.92米，当心间2.2米，稍间亦为1.36米，周檐用柱16根。梁栿通檐造不设内柱，与南禅寺、天台庵、镇国寺大殿、龙门寺西配殿同制。

大殿稍间间广甚小，仅相当深一椽跨距，山面稍间同宽。同期平面长方形的平顺龙门寺西配殿总面阔是总进深的1.7倍；五台佛光寺东大殿为2倍；该殿为2.3倍，是进深与面阔比最小的1例。在敦煌隋代第433窟、盛唐第172窟北壁、中唐第361窟、五代第146窟壁画[④]中，都绘出稍间不及心间之半的情形。

㈡　柱子与柱础

大殿各柱头制成卷杀，手法古朴。柱径28厘米，柱高288厘米，径高比为1:10.29，均为直柱造，与所见同期柱子的径高比和柱身收分做法不同，是后代更替，还是原制，待考。经实测，前檐东侧平柱至角柱分别生起2.5厘米和3.5厘米；西侧为3.5厘米和5厘米；侧角已不能准确反映真实情况。柱础石质方形，埋于地平以下，与南禅寺、天台庵做法近同。

㈢　铺作

斗栱皆用于柱头，外檐形制相同，无补间铺作之设，结构手法与南禅寺大殿相近。按使用部位可分为：

前后檐柱头：五铺作斗栱出双抄偷心造，未施令栱及要头。前后檐二跳华栱由四椽栿伸出制成，承替木及撩风槫，华栱里转一跳承四椽栿。

东西两山：斗栱与前后檐同制，惟里转出双抄内

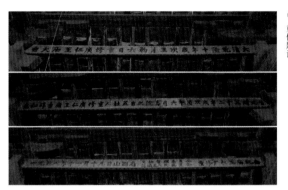

承丁栿（剳牵），与前后檐手法略有不同。

转角：角华栱里外出双抄，二跳跳头施平盘斗承替木与撩风槫交接点下；里转承隐衬角栱。正侧身泥道与华栱出跳相列，二跳由泥道枋伸出制成。

扶壁栱：柱头栌斗口横出泥道栱，上施素枋，枋上又施令栱，栱上施承椽枋，与同期实例做法不同。

攀间："屋内槫缝之下只用令栱。"与《营造法式》（以下简称《法式》）规定的做法相符。

㈣　梁架

大殿构架为四椽栿通檐用二柱结构，四椽栿过檐柱缝伸出槽外制成二跳华栱，栿背之上置驼峰、大斗、令栱承平梁，梁两端托脚入大斗斜抵梁头，平梁正中立侏儒柱、叉手、令栱、替木承脊槫。两山施丁栿四根压于斗栱之上，向内平置于四椽栿背。稍间未施系头栿之构架，两山面檐椽尾剳于平梁上方外侧所设枋之上，故丁栿实为剳牵。为歇山式构架之鲜见做法，恰与天台庵大殿相同。

㈤　材份与尺度

材栔：大殿材宽在11～12厘米之间，材高20厘米，栔高9～10厘米。材等介于天台庵与南禅寺大殿之间，同样表现出材宽与栔高的不稳定性。用材接近《法式》五等材，基本与"殿小三间，厅堂大三间则用之"的规定相符。

斗栱出跳：斗栱一跳34厘米，二跳32厘米，总出跳66厘米，总高连撩风槫94.5厘米。都较同期遗构略小。

檐出与出际：大殿各檐有椽无飞，与南禅寺大殿同制。前后两山檐出相等，自柱中至椽头为1.62米，椽径9厘米，柱高2.88米。其檐出小于天台庵大殿尺度和《法式》规定。出际为78.5厘米，是同期实例（无系头栿构架）中最小者。

举折：大殿前后撩风槫中距620厘米，总举高136.5厘米，举高与槫距之比约为1：4.5，较《法式》规定的三分之一或四分之一更加平缓，介于南禅寺1:5.15、佛光寺1:4.72和天台庵1:3.9的三例唐构之间，与佛光寺东大殿最为接近。

三、典型特征分析

(一) 不施普拍枋与阑额不出头

大殿柱间施阑额一周贯通柱头，至角不出头；栌斗直接坐在柱头之上，未施普拍枋。此制是学界普遍认同的唐代建筑的主要特征之一，南禅寺、佛光寺、天台庵大殿皆如此制。五代，此制被严格地保留下来，同期实例[5]中惟大云院弥陀殿始见普拍枋，被认定为中国传统建筑用普拍枋制度之先河[6]。宋代以后柱头施普拍枋已为定式，阑额普遍至角柱过柱出头。

(二) 梁栿与铺作组合式构造

大殿四椽栿延伸出檐外制成二跳华栱，即梁栿与斗栱互为构件，构成"组合式"结构关系[7]。同样，南禅寺、佛光寺、天台庵（斗口跳）亦是此构造。此外，还有被认为是唐代手法的敦煌宋初窟檐等早期实例。五代镇国寺万佛殿采用了"搭交式"结构，延为宋代早期之惯用，如高平崇明寺过殿（971）、榆次寿圣寺雨花宫（1008）等。大云院弥陀殿则采用"搭压式"结构，成为宋代中期以后梁架与铺作结构关系的定式，如高平开化寺大雄宝殿（1073）、平顺龙门寺大雄宝殿（1098）等。

(三) 铺作里外偷心造

大殿斗栱采用五铺作出双抄、里外偷心造制度，是唐五代小型殿堂的惯用。南禅寺、大云院、正定文庙、布村玉皇庙大殿、独乐寺山门等无一例外。而七铺作的佛光寺、镇国寺、华林寺、崇明寺大殿以及辽构独乐寺观音阁都在二跳以上采用了重栱计心造做法。最为重要的是，这些实例反映出五铺作斗栱皆出两卷头偷心造，而七铺作斗栱二跳以上皆用双下昂重栱计心造，特征鲜明、手法一致。盖可认为，公元8至10世纪以来的200年间，中国木构建筑已经有了相对严格和规范的铺作次序与制度。

(四) 通檐用二柱构架

大殿采用了四椽栿通檐用二柱梁架结构，是唐代以来小型殿堂大木构架的基本构架方式，南禅寺、天台庵、镇国寺大殿莫不如是。大云院弥陀殿首次出现了四椽栿对乳栿通檐用三柱的做法，成为之后中国传统建筑小型殿堂普遍采用的梁架结构方式，宋代中期以后，进一步发展为两栿搭压式构造。

(五) 驼峰与大斗隔架

以驼峰之上施大斗承平梁，是唐五代时期惯用的隔架方式。南禅寺大殿、龙门寺西配殿、大云院弥陀殿、文庙大成殿、玉皇庙前殿等皆是此制。镇国寺万佛殿梁架内出现了驼峰、大斗之上再施十字出跳的斗栱承平梁的新构，成为太谷安禅寺藏经殿（1001）、榆次寿圣寺雨花宫、长子崇庆寺千佛殿（1016）等宋代早期建筑的惯用。该殿以驼峰大斗承平梁的做法显系唐制。

(六) 平梁不出头

南禅寺、佛光寺、天台庵、大云院、镇国寺大殿的平梁两端都不出大斗口，托脚入大斗斜抵梁头。龙门寺西

◎丁栿构造

◎扶壁拱

◎攀间铺作

◎梁架

配始，平梁头伸出大斗之外与托脚交构，被认为是开先河之例[8]。之后的华林寺大殿、文庙大成殿、玉皇庙前殿、碧云寺大殿、原起寺大雄宝殿的平梁都伸出大斗口外。可知，该殿平梁头不出大斗口，托脚入大斗斜抵梁头，当是唐代的做法无疑。

(七) 丁栿平置

大殿前后丁栿（割牵）在外压于山面铺作之上，在内搭于四椽栿背，呈平直置放。从唐代的南禅寺、天台庵，到五代的镇国寺、碧云寺大殿等皆如此制。大云院弥陀殿首见一根斜置，一根平置的丁栿，成为宋代以后的普遍做法。显然，大殿所用这种丁栿平直置放的构造方式，是唐五代小型殿堂的惯用。

(八) 栱头分瓣与内顱

《法式》曰：华栱又“谓之卷头”，造栱之制“每头以四瓣卷杀”为之。资料显示，汉代栱头已有制成圆弧状式样，至北齐出现卷瓣做法，并每卷瓣向内凹成圆滑曲面，谓之“内顱”，成为此期栱头最为显著的特点。隋唐以降卷瓣内顱 逐渐变浅，宋代以后几近消失。该殿栱头皆以三瓣卷杀，且内顱明显，不同于南禅寺的五瓣、天台庵的四瓣，恰与南响堂山北齐1号窟檐和山西寿阳北齐库狄回洛墓木椁栱头三瓣卷杀相同。

(九) 月梁造

月梁造是将梁栿两端的背与底加工成向下和向上的弯曲弧面，梁身略如拱形，故名月梁。《法式》有造月梁之制，并规定明栿用之，此种梁型多见于南方古代建筑中，山西唐五代建筑中，惟佛光寺东大殿明栿手法与之相近。广仁王庙大殿的平梁、四椽栿梁身平直，属草栿做法，但在梁的两端刻出上下弯曲的弧面。南禅寺等山西唐五代建筑多如此制，是此期明栿造的显著特点。

四、特殊做法的探讨

(一) 不置令栱、耍头

山西现存唐五代遗构中，除天台庵弥陀殿和龙门寺西配殿两例斗口跳铺作不用令栱和耍头外，余例皆在跳头施令栱并交出耍头，就是同样为斗口跳制度的原起寺大雄宝殿虽无令栱之设，亦在衬方头位与替木交出耍头。该殿斗栱五铺作出双抄，无耍头与令栱之设，当属特例无疑。然在敦煌壁画中此制并不鲜见，如初唐第321窟廊庑和楼阁平坐，都是与该殿相同的五铺作出双抄，跳头直接承替木和撩檐枋，无耍头与令栱的铺作形制；在盛唐第172窟的南壁顶层檐下，斗栱五铺作出双抄，跳头施令栱承撩檐枋不出耍头；二层檐下斗栱五铺作出双抄，二跳跳头直承撩檐枋，未见令栱及耍头；首层檐下斗栱七铺作双抄双下昂，令栱、替木承撩檐枋，未见耍头。此外，造于公元11世纪以前的第427、431、437、444四座敦煌木构窟檐[9]，也都与该殿相同，在华栱头施替木承撩檐枋，无耍头与令栱之设。如此看来，广仁王庙大殿跳头直接承替木和撩风槫的铺作形制古已有之，当是早于南禅寺大殿等遗构的做法。

(二) 歇山式结构的特殊做法

歇山式建筑，即四面出坡中间为悬山式的屋顶形制。《法式》歇山造称之为"厦两头"造，原属厅堂、亭谢类。"今亦用此制为殿阁者，俗为之'曹殿'，又曰'汉殿'，亦曰'九脊殿'"。此构于稍间缝架向外施丁栿，"于丁栿上随架立夹际柱子，以柱槫稍；或更于丁栿背上添头栿。"即于平梁外侧，增出一缝由丁栿、夹际柱子、头栿构成的承出际与山面檐椽之构架，头栿与平槫交接，栿背受两山面檐椽尾，南禅寺、镇国寺大殿等遗构皆是此制。

广仁王庙大殿则不同，丁栿之上未施柱及栿，实属

剳牵。两山檐椽后尾搭在平梁外侧上方所设与上平槫交接的枋上，故无稍间头栿缝架。稍晚的天台庵、原起寺大殿亦如此制。此后，头栿的使用渐成惯用，并被《法式》所收纳成制，这种稍间不设头栿缝架的特殊的歇山式构架遂成鲜见。

(三) 罕见的矩形栱式样

《法式》规定，华栱、泥道栱、瓜子栱、慢栱，"每头以四瓣卷杀"，令栱"每头以五瓣卷杀"。现存古代建筑实例除翼形栱外，栱的两端或分瓣卷杀，或不分瓣制成颇势圆和的弧形曲线。

该殿华栱如《法式》之制，栱头以三瓣内幽页卷杀制成，呈曲线状。而泥道栱则制成两端平直的矩形栱，只在栱头处刻出卷瓣形曲线。这种"其端部为平直矩形"[10]"栱端皆不卷杀均为方形栱头"[11]形象的栱，可见于汉代画像石及隋代的陶房等仿木构的斗栱上。实例中除广仁王庙大殿外，在镇国寺万佛殿的泥道栱中也有所见。可见，该殿泥道栱栱头平直的矩形之栱并非后代添造，当是汉代直头矩形栱的遗痕，在现存木构实例中已难得见。

(四) 扶壁栱构造

已知的唐五代建筑中扶壁栱有四种做法：①单只泥道栱，之上垒数层素枋，谓"栱枋式"，以南禅寺为代表有5例；②单只泥道栱上施素枋，之上再施泥道栱与素枋，谓"栱枋重复式"，有广仁王庙和华林寺大殿2例；③不施泥道栱，由两层素枋垒叠，泥道栱隐刻于首层素枋之上，谓"重枋式"，有天台庵和龙门寺西配殿2例；④首层施素枋，隐出泥道栱，之上单只泥道栱，谓"枋栱式"，有碧云寺、原起寺2例。

可以看出，"重枋式"仅见于两例"斗口跳"铺作中，"枋栱式"1例"斗口跳"，1例四铺作，可以认为是早期等级较低的铺作之用。而"栱枋式"是五铺作以上斗栱普遍采用的扶壁栱形式。"栱枋重复式"扶壁栱最早得

见于敦煌初唐第321窟廊庑檐下,再就是西安大雁塔门眉线刻和懿德太子墓壁画等文物资料中。实例有日本奈良药师寺东塔(730)和唐招提寺金堂(770)等早于国内的木构遗例。在国内则是中国南方传统建筑中的惯用。自华林寺大殿之后,有北宋的宁波保国寺大殿、南宋泰宁甘露庵上殿、元代金华天宁寺正殿等都是此制。

广仁王庙大殿保留的栱枋重复式扶壁栱,是北方迄今所见早期建筑中之孤例,早于华林寺100余年,不仅与敦煌第321窟扶壁栱相同,就是不置令栱和耍头的手法也都一致,显然是一种古老的扶壁栱形制,何以后世在北方建筑中不再得见,倒是颇当引起注意的。

系由不厦两头造发展而成的推论提供了实证参考;"栱枋重复式"扶壁栱先于南方百余年,足以证实,在北方建筑体系中唐代或更早已有之。

通过庙存两块唐代碑碣的考证和之前的讨论分析可知,广仁王庙初创于唐元和三年,于唐大和六年"刻除旧舍建立新宇",现存主要结构仍为唐制。遗憾的是,后代修缮时将出檐截短,屋顶脊兽、墙体更替为近代式样及手法,致使大殿作为仅存的四座唐代木构建筑的文化重要性受到很大程度的减损与歪曲,"如能将其考查研究,重予修缮,全部恢复唐代原貌"[12],以使遗产价值得到正确的诠释和欣赏将是一件幸事。

结语

通过以上的分析和讨论,广仁王庙大殿的斗栱和主要结构清晰地反映出唐代建筑的突出特点,其用材及建筑尺度、比例也与同期实例相近同,特别是屋架举折,更与南禅寺大殿、佛光寺东大殿最为接近。重要的是,无耍头、无令栱的做法,上可与敦煌壁画形象对照,下无同例可寻(斗口跳、把头交项造除外),保留了早期铺作制度的形制;矩形直头泥道栱,是汉、隋栱形的遗痕,成为实物遗存的罕例;无头栿缝架的构造,为诠释厦两头造

附记

本文得到柴泽俊老师的指导。勘察测绘中得到芮城县文物局刘海波、冯元龙等同志的支持和帮助,特此致谢。

测绘主持:赵朋
测绘人员:赵朋、郭超、加金海、冯元龙

① 山西省文物局编《山西省重点文物保护单位》,2006年12月,25页。
② 傅熹年主编《中国古代建筑史》第二卷,中国建筑工业出版社,2001年,540页。
③ 柴泽俊《山西几处重要古建筑实例》引自《柴泽俊古建筑文集》,文物出版社,1999年,149-150页。
④ 参见萧默《敦煌建筑研究》,机械工业出版社,2003年,第39、56、58、60页。
⑤ 系指唐五代时期遗构。目前学界普遍认同的除唐代四例外,五代有龙门寺西配殿、大云院弥陀殿、镇国寺万佛殿以及福州华林寺大殿和正定文庙大成殿。在近年来我们对长治地区早期建筑的考察研究中发现长子玉皇庙前殿,碧云寺正殿和潞城原起寺大雄宝殿都与上述已知遗例有诸多相同的特征与风格,且与当地宋代遗存有显著的不同,故初步认定为具有五代时期木构风格的遗物,研究成果见《长治五代建筑新考》和《文物》2011年第1期(59-74页)《潞城原起寺大雄宝殿年代新考》。
⑥ 同③,157页。
⑦ 贺大龙《长治五代建筑新考》,文物出版社,2008年,83-84页。
⑧ 李会智《山西现存元代以前木结构建筑区域性特征》引自《山西文物建筑保护五十年》,山西省文物局编,2006年,64页。
⑨ 参见萧默《敦煌建筑研究》,窟檐建造年代:第427和437窟为公元970年,第444、431窟分别为公元976和980年。文中有关敦煌壁画内容,皆引自此著。
⑩ 刘叙杰《汉代斗栱类型与演变初探》,《文物资料丛刊》第2期,文物出版社,1978年,222-227页。
⑪ 张家泰《隋代建筑若干问题初探》,《建筑历史与理论》第一辑,江苏人民出版社,1981年,164页。
⑫ 同③,柴泽俊先生所指"全部恢复唐代原貌",系指去除严重损害建筑外形和时代特点的"翼角起翘、出檐以及1958年修缮时添加的近代式样和手法的脊饰、吻兽、墙体等"不具有文物价值的部分,以正确诠释、尊重和强调广仁王庙大殿的文化重要性。

广仁王庙，第五批公布的全国重点文物保护单位。

广仁王庙的公布所在地为山西省，公布类型为古建筑，公布批号为5-0248-3-054，公布地址为山西省运城市芮城县。

广仁王庙位于山西省芮城县城关镇中龙泉村北端，坐北朝南的高阜之上。其南北长52米，东西宽38米，建筑面积为177.15平方米。始建于唐大和六年(832)，庙内原有正殿、乐楼、厢房。现仅存正殿、乐楼及唐碑两通。

正殿面阔五间，进深四椽，单檐歇山顶。柱头仅施阑额，无普拍枋。外檐用双抄偷心造五铺作斗栱，无补间铺作。建筑结构简练，古朴雄浑。乐楼属清代建筑，面阔三间，进深三椽，硬山顶。唐碑二通：一为唐玄宗元和三年(808)的"广仁王龙泉之记"碑，记载当地历史和兴修农田水利情况；另一为唐大和六年(832)的"龙泉记"碑。

正殿是我国现仅存的四座唐代木构建筑之一，为研究唐代建筑提供了重要实例。它也是中国建筑史上反映偏僻山区民间建筑科学、技术、艺术成就的实物资料。庙内现存唐碑是重要的石刻文物遗存。

引述自全国重点文物保护单位四有档案记录

幸与不幸

刘勇

——存世1200年的唐构五龙庙

＊摘自《发现最美古中国·山西秘境》。

很多人知道永乐宫,却不了解,就在永乐宫今址西侧的中龙泉村里有中国现存已知四座唐代木建筑之一的广仁王庙(五龙庙)。我的朋友芮城木雕艺人李艳军开着他的摩托车带上我,几分钟就到了村里。拐上一个街口,看到一处土丘上的小房。土丘下是垃圾坑。艳军找来了看门的张老人。在山西,很多文保单位在村里,文物部门一般委托当地村民看管。如此简单的看管让人多少为文物安全担心。

走进小院,南边是戏台,院子正中就是正殿,围墙之内已经看不到其他建筑痕迹。据说20世纪50年代的大修改变了若干结构,以致唐构风格变了样。

通过嵌在墙壁上的两块唐代石碑还可以了解这座小庙的缘起。元和三年(808)的《广仁王龙泉之记》唐碑记载县令于公带领人们开渠建庙,用五龙泉水灌溉农田的事迹,是当时的一件德政;唐大和六年(832)的《龙泉记》则记载因天降甘露,当地的重大旱情缓解,在地方政府和士绅的联合倡议下人们集资重建了神庙。魏晋以后,佛道教义中的五龙信仰在内地民间广为流传。宋

时沿袭唐制,五龙得到政府认可。宋徽宗还广封山川神灵,大观二年(1108)封五龙为王,其中封青龙神为广仁王。唐碑首题的广仁王三字和其他字体有异,或许以为宋人补刻。

五龙庙正殿面阔五间,稍间很窄,单檐歇山顶,梁架结构极简,无补间斗拱,无普拍枋,柱头卷杀,檐柱内倾角、升起明显。这些都是早期木构的鲜明特征。面积小了点,仍可看出唐代简约古朴的风格。殿内多处墙壁漏水,东北侧墙上的屋面有比较严重的坍塌,在外面也可看到屋脊东北部塌陷严重。

正殿对面的清代戏台,据张老人说也是有100多年的建筑。我们在庙前看到的垃圾堆就是古代五龙泉水的涌出位置。

张老人说20世纪70年代他年轻的时候,这里还是个水塘,可惜后来水源枯竭,逐渐成了村里的垃圾场。古人讲风水,村里的水源被封,自然少了灵气。

2013年,小庙终于迎来了期盼已久的修缮,正殿终于转危为安。不过,修缮范围是五龙庙建筑本体,门外的龙泉位置和周围还是狼藉一片。更惊险的是,2012年12月,镌刻于唐大和六年(832)的《龙泉记》唐碑被盗。幸运的是及时破案,不久失而复得。看来,五龙庙要真的复兴还有很长的路要走。

◎ 刘勇

◎ 《发现最美古中国 山西秘境》封面

唐广仁王龙泉之记

唐元和三年（808）刊石。

《广仁王龙泉之记》是我区记载水利方面时代最早的碑刻。论述了龙泉主于神，能御旱灾，适合祀典。其东南酾为通渠，广深才尺，脉分支引，自田徂里，虽不足以救七年之患，然亦于此见百里之泽，水利之便，人应知之。碑刻至今1200多年。碑青石质，呈竖式，高128厘米，宽23厘米。楷书，字径3厘米，文19行，行30字。刻有行格，额题"龙泉之记"4字。唐宪宗元和元年（806）裴少徽书。现存于芮城广仁王庙。

碑文

乡贡进士张铸述，河东裴少徽书

致理不根，于惠则无功，导流不自其源，必复绝敦本善利，以济物为心者，虽涓溜蒙泉，必务宣达使之通衍而有益于人也。然而绩有小大，事有分限，推而贯之，则浚川疏河与□渠降雨为一指也。自后可以观著由细，可以迹大者，其唯龙泉乎！泓深数寸之源，淫曳如线之沠。邑大夫于公顾而言曰："水之绩也，不厚固，不能以流长吏之志也，必动此亦可以及物于是。"开夫填广夫潆滀缘数尺之坳，致湛□之势，周迴山百三十有二步，浅深之而尽江湖胜赏之趣菰蒲殖焉，鱼鳖生焉，古木骈罗，曲屿映带，前瞻荆岳，却背条岭，全□故□，峰嵘左右，是足以盖邑中之游巡矣。旁建祠宇，亦既增饰。意者，祠因于泉，泉主于神，能御旱灾，适合祀典，其东南酾为通渠，广深才尺，脉□支引自田徂里，虽不足以救七年之患，然亦于此见百里之泽。

昔西门豹号为能吏，以邺田之恶，有漳水之便而不知引以浸灌，宁复见几于潜厂，呜呼！夫长𢀸者，孜孜勤恤之谓仁，随时兴利之谓智。吾大夫则然，小善有益，知无不为，由智及仁，因利示劝。君子谓：于公其养𢀸也，惠矣！夫□有浅而思深者。俱后之不知，故书。不然，天下多决泄导注，极无穷之用者。春秋微显阐幽之义存焉。尔时，顺宗传位之明年，凉风至，旬有五日，记。

河东裴勘书额，元和戊子岁月在高㘝十日书

𢀸

龙泉记

唐大和六年（832）立石。

碣青石质，略呈方形，高70厘米，宽65厘米，厚10厘米，共24行，满行26字，碑文楷书，芮城县令郑泽撰文，姚全书，文述修建龙祠经过，并言："水分四流，浇灌百里，活芮之民，斯水之功。"现存于芮城广仁王庙。

碑文

县城北七里有古魏城，城西北隅有一泉，其窦如线，派分四流，浇灌百里，活芮之民，斯水这功也。倾年巳土遇旱歉，前令尹固而祷之，逐得神应，乃降甘雨，始命为龙泉。已制□，图其形，写龙之貌，为乡祷祀之所。尔来十有余载，神屋环漏，墙壁颓毁，图形剥落，日为半年蹂践秽杂腥□之地。泊元和五年积六年春，历□甲子无雨，虽有如雪亦不及农用，土地硗确，首种不入。夏□月中夜有神人贻梦於群牧使，袁公此土 * 阳日久，子何不亲告龙所察，神之有记，袁公之意者，袁居止危塌，图形曝露，欲其知也。袁公梦觉曰：我以职司此地，所部非少，况黎人悬悬之心，思雨如渴，神梦若生，胡不为之行即，

我惠人之念何在？乃命驾率所部诣神，致酒脯，敬陈，夜梦阴视之如神，三日之内，下降甘雨，即神应，可知，我当大谢，至灵如或不刻即梦，不足征矣！言讫告归，其夜二更，风起云布，甘泽大降，稍济农人之急也。乃撰吉日，备木浆挂醴三牲具足，大□以答神应，爰命官僚蹲俎之盛也。泽乃诣神祀日，泽官添字人眛於前，知致令神居处隘狭，牛羊无□，斯泽之政阙也。然今日再启明神前所感应，甘泽救人，降即降矣，其於耕种之劳，足即未足神感如是，能更驱作白神，加之大雨使耕者无礙，於捍挌之，窃种者不怀焦烂之患，如神响应，可以致之；泽即集论□除旧舍，建立新宇，绘捍其形，丹臒其壁，□□赫赫，必使光明，斯神之应也，如截道飚，如敲石火这疾不若也，大降甘雨，势如盆倾，□流百川，原湿滋茂，使示耨得所人笃歌。乃命乡人龙工徒具备插之欢，俄有斑蛇丈余，锦背龙目，盘屈废蹋之上。故知灵不得不信，人不得不知，众之所睹，诚曰有神岂曰无神，旋旋而失，即抓庭镜，不足以佳也。爰命划除旧屋，创立新祠，素捏真形，丹青□壁，古木环郁，山翠（翠）迴合，乃自然所敬之地也。使至者教导，大陈羊□，馨香品列，答神知。噫乎！有山有川即有灵，有祇有天有地即有君，有臣向使灵不应，人何以敬？臣不任君何以知？夫砺石簸，环壁同立；萧艾不去，兰惠同之；神之天灵，草木同之。斯人与神其道不远矣。

大和六年岁在□子七月立吉日，

芮城县令赐绯鱼袋郑泽记

陕□群牧使登在朗行内侍省掖庭局宫教博士上国袁学和

群牧使判官张积

朝议朗行丞上标国裴凝

承奉郎行主簿独景俭通直郎行尉刘元给

□朗行尉崔申伯书人姚全

大清重修广仁王庙序

大清乾隆十一年（1746）刻石。

该碑文记载了重修广仁庙的经过和重修期间所捐资人名。因文字漫漶，捐资人不清楚。现存古魏镇广仁王庙。碑青石质，圆首长方形，高118厘米，宽56厘米。碑文楷书，共15行，满行44字，现存于古魏镇广仁王庙内。

碑文

芮北七里许，古文侯魏城也。其中渊泉夥矣。而□□□□者龙泉为最，若泉之上者，有唐仁王庙尔。基址不阔，鸠工庀材其趣堪赏，是以居人游玩，其区为迩年来风雨（下文缺字22个），越明年丙寅暮春而告成。乡邻曰："是当铭于石以志之："（下文缺25字）广仁又何苦矧属之以王，果百姓拥载而诵之。（后文缺字）又士女者也，大非淫祠。此更有说是文侯庙（后文缺字）此士者知斯神济于人，而其庙不以可不修也。（下文缺23个字）

注：下缺布施任名单

大清乾隆拾壹年润叁月上浣之吉

大清重修广仁王庙乐楼碑记

大清乾隆二十三年（1758）梅月下浣之七日立石。

此碑记述了萧振宇等重修乐楼与正殿之东墙，功成告竣，于是为文以志之。俾后之览者，庶有感焉。碣青石质，长方形，长56厘米，宽37厘米。碣文楷体，共21行，满行19字，张效曾撰并书。现存于芮城县文博馆。

碑文

古魏城西北隅，有广仁王庙，不知建自何年，重修于乾隆十年。庙貌维新而乐楼破缺，非所宜壮观瞻也。间尝观庙碑甚夥，独无龙泉记，而仁王何若，与广仁又何若，并未详著说者。谓是文侯之所晋贶也。而果有确据否也，余考芮志，唯载龙泉而不及于庙。噫嘻，吾知之矣，泉出于庙之下，树木阴翳，鸣声上下，依俨然和煦之象也，非仁也耶？浇灌南亩，谷我士女，又俨然惠泽之举不疲也，非广仁也耶？至于称之曰王，更尊而敬之，亲而爱之，寄之于有威可畏，有仪可象，是真所谓祠因泉立，泉由神主者乎！岁在戊寅梦夏至末，萧振宇等重修乐楼与正殿之东墙，功成告竣，谒余为文以誌之。余固不文，焉敢妄为之注，故就其切实而易指者，以为之记。俾后之览者，庶有感于斯文。

前社国学监生张效曾撰并书

计开共费银一十二两整，官树卖银七两，剩下每社纳银一两，五社公议庙内但有放柴草者罚银五钱。

首人张崇祥、董士奎、萧振玉、冯大傲、姚炳、董修朴

移道房并两角门

大清乾隆二十三年梅月下浣之七日立

◎ 五龙庙（广仁王庙）正殿修缮过程档案照片

　　广仁王庙修缮工程属于山西南部早期建筑保护工程的子项之一，其中唐代建筑大殿于2013年8月11日开工修缮，于2014年6月25日完工，共用215个工作日。广仁王庙大殿自上世纪五十年代被发现并确定为唐代建筑，在当时即进行过一次较大规模的修缮，但由于条件限制，当时修缮并未留下重要的影像资料。随着文物保护日益受到社会的重视，此次修缮在过程中将修缮信息记录放在了与修缮本身同等重要的地位，通过实施过程工序记录反映修缮的全过程，加强了影像记录的作用。

　　此次广仁王庙大殿的维修过程包括以下主要步骤：脚手架支搭——屋面拆卸——局部大木拆卸——斗栱检修——大木维修——柱子维修——大木安装——墙体砌筑——屋面木基层安装——屋面苫背宛瓦挑脊——压沿石安装——踏跺制作——油饰断白。

◎ 五龙庙（广仁王庙）正殿修缮过程档案照片

草图绘制：王辉

「龙·计划」

五龙庙与世博结缘

LONG PLAN

The Five Dragons Temple and Expo

「龙·计划」

——五龙庙与万科馆的缘分

＊此文曾发表于《世界建筑》杂志
第313期，2016年7月刊。

侯正华

2010年的时候，我在沈阳万科工作。有一天，我的老板，当时的万科北京区域"区首"丁长峰从北京打来电话问，能不能请人做一次山西文物建筑的讲座？那时万科刚刚成立太原分公司，希望更多地了解"三晋大地"。于是我找到清华大学的李路珂博士，请她与导师王贵祥教授一起来公司做一次讲座。

在那之后的几年中，丁长峰和公司的一些古建筑爱好者，依照王先生的讲稿逐一探访了山西的重要文物建筑。2012年春天，他们到了芮城，几经周折才在当地老乡的带领下，找到了永乐宫身后不远处中龙泉村口的五龙庙。

建筑史学界认为，这是中国现存第二古老的木构建筑，建于唐大和六年（832），也是4座唐代木构遗存中唯一的道教建筑。然而怀着憧憬去到现场，看到的却是一片垃圾堆后面破破烂烂的两间小房子，十分凄凉。五

© 2016年5月14日·山西芮城县五龙庙环境整治工程竣工仪式·当地政府领导听取汇报

龙庙原本只是一座乡村里的龙王庙，根据唐代碑志记载，因庙前的一眼泉水（名"龙泉"）而建，可以想象在过去的1200多年间，它承载着历代乡民对风调雨顺的祈愿，一直与乡村生活息息相关。然而如今，祈雨的风俗没有了，龙泉也在20年前干涸，泉址变成村里的垃圾堆。中龙泉村也和中国大多数农村一样，逐渐沦为只剩下老人留守的空心村落。

这次旅行结束之后，丁长峰找到都市实践的王辉，探讨能否一起为五龙庙做点什么。王辉欣然应允，不但义务为项目做设计，而且成为项目发起人之一。很快，有了保护规划的第一版方案，万科和都市实践一起向芮城县领导汇报，并表达了公益参与五龙庙保护的意愿。

这就是"龙·计划"最早的缘起。然而由于对于文化遗产领域的陌生和对国家重点文物的敬畏，这次汇报之后，项目暂时停留在图纸上。也是在2012年的另外一次旅行，开启了万科参加米兰世博会的历程。当时按照王石的要求，丁长峰带了另一个团队去米兰了解2015米兰世博会的情况。在当地，凭借一位华侨大爷的指引才找到了当时还荒芜一片的世博会场地。

当时没人会想到这两次旅行开启的故事最终将汇合在一起。事实上此后的3年间，五龙庙的保护规划与世博会的万科馆设计，分别在王辉和丹尼尔·里伯斯金（Daniel Libeskind）的案头孕育发展着，但没有任何产生关联的迹象。

直到2015年1月，我们开始策划万科馆的世博会后处置方案，也就是"世博遗产计划"。上海世博会英国馆"种子圣殿"在会后拍卖种子用于公益事业的做法启发了我们。万科馆的建筑，这时已经确定了外立面特殊定制的红色釉面陶板材料。我们决定把这个陶板拿出来拍卖，用来在中国国内实施一个公益项目，为世博会这个临时性的行为留下一点儿永久的、有价值的纪念。这时，丁长峰又想到了五龙庙。

里伯斯金说，在开始为万科馆做设计时，他想到了山，想到了中国的山水画。然而，万科馆建成的时候，大家都说它像一条盘龙，身上的4000片陶板，就像龙鳞。米兰世博会的主题"滋养地球，生命之源"是关于农业与食品的。而五龙庙是一座村里的龙王庙，是中国传统农业社会、乡村文化的符号。龙在中国的传统中，在成为皇权的象征之前，其实先是保佑农业的神。我们突然发现五龙庙与万科馆似乎冥冥之中有注定的缘分。于是，我们决定把这个项目命名为"龙·计划"，通过众筹向社会筹集专项捐赠，用于五龙庙的保护，同时利用世博会的平台和公益众筹的过程，对五龙庙进行宣传和推广。项目建成后，无偿交与政府管理运营。

我们为"龙·计划"立下了三大目标：

（1）"还庙于村"，恢复五龙庙作为一个乡村配套和公共场所的属性，让它回到村民的日常生活中，让村民能主动地爱庙护庙；

（2）通过环境整治，丰富五龙庙的游客体验和内容，建成一座中国古建筑文化的"开放博物馆"；

（3）借着项目的实施和众筹推广过程，宣传芮城县，促进当地旅游，为乡村经济发展创造机会。恰巧此时，五龙庙的文物建筑主体已经在国家专项经费的支持下，完成了落架大修，得到妥善保护。剩下的环境整治工程专业门槛低了很多，于是我们有了合适的介入点。

2015年4月，向芮城县和山西省文物局汇报了"龙·计划"和环境整治方案后，各级主管领导都很支持，并把它当作社会力量参与文化遗产保护的试点项目。

6月8日，米兰世博会的中国馆日，"龙·计划"公益项目在万科馆正式发布，当月启动了众筹认捐。

10月底，在清华大学建筑学院吕舟教授和各界专家的指导下，环境整治方案经过多轮的调整，终于获得国家文物局的审批通过。随即，项目顺利开工。

2016年4月底，项目在米兰世博会开幕一周年之际竣工。5月14日的竣工仪式，我们向参与过这个项目工作的所有人和参与公益众筹的所有捐赠人悉数发

红色陶板为2015米兰世博会万科馆立面材料。
"龙·计划"是一个依托世博会平台发起的，旨在支持中国古建筑保护的公益众筹项目。

策划发起：
山西省文物局、
芮城县委县政府、万科集团、太原万科、
URBANUS都市实践建筑设计事务所、
清华大学建筑设计研究院建筑
与文化遗产保护研究所、山西青年报

全程支持：万科公益基金会
建筑、景观设计：
URBANUS都市实践、清华大学建筑设计研究院、
沈阳陆玛景观规划设计有限公司
平面设计：韩家英设计
塑漆艺术：山西长治彩塑艺术研究院
墙体挂板：北京宝贵石艺科技有限公司
斗栱构件制作：
万科建筑研究中心、北京博艺美苑雕塑艺术有限公司
展板标识：太原顾秀展示广告有限责任公司

建设单位：太原市播翠园林绿化工程有限公司

万科世博团队：
丁长峰、侯正华、钱源、栾宁、李凯、陈洲、
朱君、毕崇明、方凌、陈功武、张晓康
龙计划团队：
王辉（都市实践）、韩家英（韩家英设计）
曹江巍、李晓攻、吴良、董丽娜、沈浮、
姚磊、田云鹏、刘建军、薛丈波
邹德华（都市实践）、杜爱宏（都市实践）

出了邀请。140多位政府主管部门、参与实施单位和来自全国各地的公益捐助者的代表，与中龙泉村的村民一起见证了这一时刻。运城蒲剧团在大殿前的戏台上唱起传统蒲剧折子戏，全村老少冒雨站在广场上、庙檐下看戏。五龙庙虽然不复祈雨的功能，但重新成为村民公共生活的中心，也因为项目操作过程引发的公众关注和周边环境体验的改善，使游客显著增加。五龙庙重新回到公众的视野中，也重新回到村民的生活中，成为村子和外界联系的节点。

我们能做的仅止于此，项目的后续运营仍然需要地方政府与村民齐心协力。但我们欣喜地看到，一次围绕文物建筑的环境整治，使文物得以活化，为乡村经济、文化和社区的重构提供了一个契机。这也是让社会力量参与文化遗产保护的积极意义所在。

特别鸣谢：
吕舟、刘畅、郑宇、张荣、李路珂、王南、姜铮
（清华大学建筑学院）
北京北大方正电子有限公司
（展示设计字体授权）
张富强、王民刚、雷波、冯会朝、冯有福、
范安祥、张魁锏等全体村民
（城阁村村委会及龙泉村守庙志愿者）
陈公正
（"龙泉遗址"碑刻题字）

北京世纪璀璨恒照明工程有限公司
（堂内照明捐赠）
北京鸿恒基基雅堆装饰工程有限公司
（铝合金门窗、百叶捐赠）
浙江大庄实业集团有限公司
（户外竹木板捐赠）

EXPO MILANO 2015
FEEDING THE PLANET
ENERGY FOR LIFE

Vanke Pavilion

◎ 修缮前的庙院内建筑及环境（摄于 2013 年 3 月）

动起来不容易，转下去更难

丁长峰

刘畅

刘畅（《建筑创作》编辑）：您对五龙庙的关注时间非常久了。把这个事件和后世博遗产计划挂上钩是因为"龙·计划"和万科馆"龙"的造型有巧合吗？

丁长峰：一开始我们是学习英国馆，当时英国馆给了我们整套的资料，其中涉及到如何策划运作世博遗产计划。这个计划是非常周密的，甚至包括如何拍卖等。我记得，倒计时100天的时候我们在深圳开了一个总结会，当时我就提出，汲取英国馆的运作经验，让世博会的遗产通过社会的力量传承下去。当时，钱源提到说可不可以把万科馆拆卸下来的部分卖出去，正好山西有个庙，如果能把这二者结合起来便会很有意义。

刘畅：那个时候有没有想到会和"龙"的概念和文化联系起来？后世博遗产的处理是不是从一开始就计划了？

丁长峰：当时没有想和"龙"联系起来，思考得并不

© 2015年6月8日，丁长峰在米兰世博会万科馆的「龙·计划」发布会上发言

深入。后世博遗产计划在2012年做整个项目的商业计划书的时候就已经考虑了，而且被看做是其中很重要的一部分。世博遗产的处理在我们运作上海世博会万科馆的时候并没有被考虑到，几乎没有多少东西留下来，或者用在别的地方，被发扬光大。所以，我们从上海世博会上汲取经验，在做商业计划书的时候就统筹考虑了后世博遗产的使用问题。至于为什么会和五龙庙联系在一起，也经历了一个过程。五龙庙的保护，是我们另外一条平行线，我原来一直想做这个事儿，中间也花了很多时间去考虑，但是由于各种原因，这件事就停下来了。

刘畅：当时，有没有想过说要在后世博遗产计划中，主要传达哪些万科的主旨精神，是否有一些关键词？

丁长峰：没有，我们只是把大致的几个部分做清楚。至于具体要做哪些、怎么做，其实是一个水到渠成的过程。

刘畅：您个人是怎么开始对古建有兴趣的？

丁长峰：我一直对古建有兴趣，对山西的古建有兴趣是在万科进入山西成立了太原公司以后的事，毕竟中国隋唐之前的文物，有70%以上在山西。当时清华的古建研究所，给我做过一个系统的报告，山西从北到南所有的文物都讲到了。我和他们深入讨论过，对每一个地方的文物特点都有大致的了解。后来我基本上有目的地考察过山西的古建筑，从北到南，从东往西，绝大部分的地区都去过，这确实是一个比较有计划的过程。

刘畅：您之前说起过，"龙·计划"不能作为一个纯粹的企业行为。您希望它可以完成某一种乡村共建，让村民共同参与到这个过程当中，而不是一种抵制的状态。您当初的愿景是通过后续的哪些具有实操性的步骤和环节实现的？

丁长峰：在米兰世博会推出"龙·计划"的瞬间，我就萌生了这个想法。当时我们请了那个村的村长过去，参与了这个计划的发布。跟村长聊天的时候，他告诉我们当地的经济状况不好，以前村里有很多人出去打工，

现在钱也不好挣，很多人都回来了。所以，从那个时候我就想，我们需要重建这个庙的整体环境，让村民们参与进来，可以得到一些实惠，也能帮他们把旅游等搞上去。如果不这样做，这个庙也很难保护下去。我的目的很明确，不但要有五龙庙的展示，还要把它和永乐宫连接起来。另外，场地北侧还有一个长城的旧址，我们想把这三座建筑做成一个旅游产品，让旅行团能够在这一带待下去。如果能让游客在县城住一宿，就能为当地多增加一些收入。

另外，永乐宫比较有影响力，每年有二三十万人去参观。如果我们能借这次活动，让县里投资，把路修好，把灯修好，对这个村一定是有很大的帮助。游客就能来，从而创造很多机会。

此外，我们当时提了一个目标叫"1+1+1"，即"一条公路一间民宿一个农家乐"。我们希望把这件事情做起来，现在还在跟他们讨论。实际上所谓的乡村重建，难度比我们想象的要大得多。当你真的深入到基层以后，你就会发现乡村一点都不"美丽"了。

我们自认为正在做一些文化上的好事。但是当地的村民不这么理解，他们看到的是眼前的利益。这让我们在开始的时候遇到了很大的阻碍，心里面也不是很理解。我们后来跟县长谈，县长的意思是，这件事情就好比你是城里人，我是你家乡下的穷亲戚，你给我送来一台大冰箱，消耗掉我大量的电，我还要去买肉放到里面，其实给我带来了很大的负担（笑）。所以这件事情我第一次听到的时候，心里面确实挺"凉"的，但是换位思考下，将心比心，站在别人的立场上去看，是可以理解的。

刘畅：共建这个事儿，后来有再推动下去吗？

丁长峰：只能是我们出更多的钱，才能推动得下去。本来一部分的工作是县里做，一部分是万科做。但是，县里面觉得万科这么大的公司，出点钱是很容易的。我们就得跟他们解释：这不是动用万科集团的钱，动用的是"慈善"的钱。我们要用大家自愿捐的钱去推进这件事，包括设计师免费设计，建筑公司也是一个成

本价,不赚钱的。

刘畅:后来修路也变成万科做吗? 如何把世博会遗产和五龙庙连起来?

丁长峰:修路可能还是政府投资,其他的环境整治是我们投资。我们最初讨论世博遗产计划的时候,先定了一件事,就是要搞众筹,拿众筹的钱干一件善事儿。最开始是想建一个希望小学,后来了解到现在并不缺希望小学,缺的是老师。所以就先定下了众筹,众筹以后干什么,不知道。在这之后,我突然想到了五龙庙。把万科馆瓷瓦跟五龙庙结合起来建微信群是2015年1月8号的事儿。当天我们开了一个讨论会,决定用瓷瓦做众筹,但是没有决定众筹完了干什么。散会回去以后,我下意识地想到了五龙庙的事儿,于是直接建了群,把这个事儿定下来。当时还没有强调"龙"的概念,我们当时就是想把万科馆的立面瓷瓦用起来。直到有一天,大概是2015年4月份,王石看到万科馆的时候,突然说了一句"这不就是一条龙嘛",才形成了"龙·计划"的概念。实际上我一开始还是比较忌讳龙的,因为在西方龙带有一点邪恶的象征。王石的认识使得我们的推广重点发生了改变,我们开会讨论后,延伸了龙的概念,把它阐释成农耕文明的象征。农耕文明和这一次世博会的主题有相关性,我们一直也在强调天人合一、风调雨顺。

刘畅:"龙·计划"算是一个文物保护工程,刚才您谈到一个有意思的话题,万科的初心实际上是让古建筑"活"起来,现在却面临着"穷亲戚"把"大冰箱"当负担的问题。要想让事情推进下去,你可能还不只是送给他一个冰箱这么简单,还得努力让他把冰箱用起来。

丁长峰:是的,我们想的不是仅仅从文物保护的角度进行保护性的整治,其实也做了旅游策划,希望能有门票收入。但是现在的问题是,按照规定,村民无权管理,管理的权限在文物部门和旅游局。此前有两个老村民自发地在那儿管理,文物局也没有人管,村里的老人把它重新修缮以后,交了文物部门。如果我们把旅游线路设计好的话,可以每年组织旅游人群,有一定的收入以后,就可以更好地维持和保护。另外,我们希望村民们把当地的一些民俗和信仰的东西植入进去,恢复或增加建筑的人文气息,这样就可以将建筑活用。当然这只是我个人的想法,当地肯定也有当地的现实问题。总之我们还是要向前继续推进,只有这样才能找到生机。

刘畅:您也算是一个乡村建设的亲历者,在这个过程中碰到了很多困难。

丁长峰:不,你说的乡村建设,是同志们要在那儿挽起裤腿干活儿,我这个不算(笑)。我是这样理解的,乡村建设的出发点就是村里自己的东西归村民自己支配。这个项目在我们开始着手做的时候,庙和村已经脱离了。我们的想法是让老庙回到村里面,但是面临的是管理体制的问题,还有当地人的认知程度的问题。所以我们是在做的过程中寻找生机,先让事情"动"起来,因为这个事儿本质上首先是一个意识形态的变化造成的。这座建筑曾经带有封建迷信的色彩,新中国成立以后,之所以衰败是因为乡村的民俗体系被打破了。

如果我们真的不求雨了,还需要五龙庙吗? 村民会不会把这个地方重新用起来呢? 这比较难预测,我们所能做的,就是努力做一个正确的事儿,努力从保护方式和物理环境上,把古建保护在正确的轨道上推进,然后再看看它会和乡村发生什么样的互动。理想的话,下一步会有游客来,让村民看到机会,如果再有正确的引导,村里的经济会因为这件事重新焕发活力。

刘畅:这是你希望看到的路径,是不是能朝着这个方向走,并不单纯地取决于万科。

丁长峰:是的,我现在没有把握。我有我个人的梦想,五龙庙是第一步;第二步是在五龙庙旁边还有另外一个地方,叫天台庵,也需要对环境进行治理整顿,让更多的人认识到天台庵的价值;第三步我曾经跟山西省文物局交流过,提升大佛光寺和南禅寺的管理,让更多的人去认识它们,甚至在这两个建筑里面,可以做一些别的事情,比如说禅修和研究。现在的问题是,因为管理体制的原因,出现了问题,就一位老大爷在那儿管着,搁在那儿，他们自己也觉得没有什么办法，体制所限。另外，他们自己觉得找不到合适的人来，对此我并不认同，我们可以寻找看庙人，比如我们可以在清华大学或其他大学做推广，一定有很多专业人士愿意干这件事情。再或者，我们可以找一些基金和慈善单位去捐赠，更新设施，为管理人员提高居住条件等，万科完全可以做这件事。我真的希望把四个唐代的木构建筑保护管理起来，这是我个人的小小梦想！

刘畅：不管是代表您个人还是万科，参与文保工作都是值得尊重的。您觉得企业跟其他参与文物保护工作的机构，比如高校、政府或者NGO组织比较，有哪方面的优势？

丁长峰：企业的优势在于我们有管理能力，体制上也很灵活，能够根据现实状况提供对应性的措施。企业可以发挥企业的运营优势，让文物"活"起来。文物保护有不同的分类，有些文物确实是"化石级"的，可以藏在展柜里。有些文物可以"用"起来，在这方面企业会有一些优势。我想真正让企业介入去做，真正发挥企业优势，是可以保护运营好老建筑的。拿我们的标准算，欧洲哪一个房子不是文物，那么多中世纪以及更早的建筑（都是文物）。咱们只不过是因为几百年房子没剩下几个，因此格外珍贵。按照乾隆地图，北京老城里边应该有一千多座庙，除去文物价值较高的以外，其他的庙可以允许企业介入运营。如果早一点允许企业介入，北京不会是现在这个样子。

刘畅：企业本身具有让某种东西活化的内在动力。

丁长峰：企业天生有。

© 2013年4月23日芮城县政府领导与丁长峰到五龙庙现场考察

这是一个 LONG PLAN

王
辉

一

　　2012年底,万科的丁总(丁长峰)问我URBANUS都市实践愿不愿意参与一个文物保护设计项目,我才知道他是个古建发烧友,已寻遍山西的古建遗产。当丁总提到五龙庙时,我的直觉是万科要在村里做个与庙相关的项目。丁总回答说我想错了,他只想做单纯的庙宇保护,而且想借助万科以外的社会力量。听到这个想法,我非常认同,因为现在社会进步了,不少单位和个人都愿意为社会做些分外的事,但并不是每个人都有足够的号召力来做有一定价值的事。而像万科这样有"企业公民"理想的公司,自然应当做个领头羊,找个好的公益项目,能够放大其他人的参与作用。于是都市实践也把这个项目定位为公益设计。

© 2015年6月8日米兰世博会万科馆·村民代表王民刚参加「龙·计划」发布会现场

二

有故事性的故事妙就妙在故事发生过程中各个线索看不清彼此。这个故事开始的两个主角是万科和芮城县政府。山西拥有全国最多的地面文物，显然完全靠政府投入做文保是不够的。以五龙庙这个国家重点文保单位为例，现在只有两个村民自发看守，也就是近几年每人每月才领到一百元津贴。由此可以推测，政府对民间的投入是欢迎的。

丁总能约上和芮城县政府开个会，也是从零开始找关系。2013年春节过后，由丁总率队，我们向当时的董县长讲解了概念。会上，不但方案得到县长和各委办领导高度认可，这个项目也被高度期盼。然而这个故事在会后却没了下文。一方面，我们这边了解到，做个国家级的文物保护项目，接触地方政府父母官是长跑的起步，往下走还有一道道门坎。丁总是否也感到了难度？另一方面，从县政府来说，丁总的突如其来是否让他们也有些莫名其妙？双方互不交底，谁也没率先再走下一步，这件事就此没了下文。

三

2015年元旦刚过，我收到万科高管钱源的微信，询问五龙庙的设计事宜。原来万科本有世博后将米兰万科馆在国内再建的计划，但这种循环在各方面都不可行，于是万科想到义卖万科馆表皮瓷瓦的点子，将之设为世博遗产，再在国内投资到公益项目中。在遴选项目时，丁总又提起了被搁置了两年的五龙庙方案。这个想法马上得到了万科高层的支持。

故事的线索又重新拾起了。这位钱总的名字起得好吉利，项目的资金来源有方向了，但项目如何立项呢？万科开始去了解县政府那边为什么没了下文，原来县政府那边也纳闷万科为什么没有举动，看来是一场误会。这个误会虽然冰冻了一个想法，但解冻时让这个项目更有亮点。首先它不再是丁总一个人的理想，而是万科集团的一个努力，并通过两年前还没出现的"众筹"概

念，变成了一个全社会参与的公益活动。另一方面，米兰世博又提供了一个世界性的平台，让历史通过一个世界盛会，连接到未来。

我们曾经为这个项目的夭折纠结过。对于一个没有过多经营利润的事务所而言，都市实践并没少做公益或半公益设计，而且我们在大多数项目中，无论甲方的出发点为何，都会暗藏些公益理念。但这个与历史文物有关的公益设计还是有专业的特殊性。做这个项目也成全了我个人的一个古建情结。在清华本科的最后一年，我学到了最正宗的古建设计和测绘。在清华读研时，又去过利比亚测绘沙漠中的伊斯兰古城。在美国读研时，还去过法国测绘哥特大教堂。可以说在设计当代建筑的建筑师群中，有我这种古建背景的人并不多。而我也一直期盼有这样的机会，用当代的空间、材料和形式，把古建遗产复活到当下生活中。现在这个机会复苏了。

当这个机会再出现时，我们也充分意识到这不是个一般性的、好玩的设计，而是个很专业的文保设计。于是我找到当年在清华手把手教我古建的吕舟老师，他现在是国家级的文保专家。吕老师这回又当了次我这个年近半百的学生的老师，教了不少文保理念，还推荐清华文保所的崔光海所长来当参谋。

四

然而，要让这个故事发生，还要和时间赛跑，因为5月1日世博开园前万科的设想必须得到政府的认可。春节过后，都市实践的设计团队一直在紧张地改进方案，万科在积极地和各级政府部门沟通。当清华的文保专家介入到这个项目时，我们才了解到这个项目要获得批准将是多么不易，因为各级文物部门和专家都会抱着谨慎的态度。4月17日，当我们走出山西省文物局的大门时，心情不那么忐忑了，因为省文物局领导抱着开明的心态和开放的眼光，认可了设计方向，更认可了民间力量参与文保的尝试。

里伯斯金设计万科世博物馆时，并没有任何"龙"

的意象。倒是王石看到实景时，点出了"盘龙"这个主题。而此时刚好是五龙庙被列为世博遗产计划，要靠义卖万科馆装饰陶板来实现。王石这么一破题，这块60cm×60cm的陶板自然被称为"龙鳞"。这是冥冥之中的一个巧合吗？

临近向社会公布这个项目了，还没有一个正式的名称。各种选项比较之后，大家意识到还是"龙"最直接。当翻成英文时，拼音的"龙"又与LONG（长久）谐音，使这个计划更意味深长。

五

五龙庙及戏台的文物本体在2015年初得到修缮，如果对环境稍加修整，让五龙庙从现有破败的环境中解脱出来，不失为一个正确的思路。但几次拜访古迹，使我们更深刻地意识到，五龙庙的文物本体虽然有很高的历史价值，但游客千里迢迢而来，驻足不到十分钟便会感到乏味。因此都市实践的方案是在环境中添加了一些层次，使庙院成为一本活的古建教科书，让古建带来更多的主观活动。这虽然是一个善意的设想，但从文物专业角度，可能会遇到一些保守的阻力。然而幸运的是，

当我们认为会有反对意见时，遇到的恰恰是鼓励。支持不仅仅是从山西省文物局和芮城县政府得到，也在和国际专家交流时获得。意大利旅游文保部的官员从理论上还解释了这个问题，他们认为文物本体保护是重要的，但更重要的是如何让文物在今天有价值。这也正是"龙·计划"所思考的问题。

6月8日是米兰世博的中国馆日，汪洋副总理在万科馆看到了这个设计，赞扬了"龙·计划"，这让我们对下一步的报建工作更有了信心。

六

正如LONG PLAN所意寓的，这是一个长久的计划，是一个有意味的尝试。对于万科而言，独立提供几百万的资金，并不是不可能。但"龙·计划"把集资目标推向全社会，不锁定在万科自身的社交资源，其目的是引起人们对古建筑遗产更多的关注。

鳞归故里，梦回大唐！一个故事刚刚开始，万科只是帮它起了个头，它不只是万科的事，或者都市实践的事，而是大家的事，是为民间力量介入国家遗产探路的事。它需要您的介入才会更加精彩，更有故事。

◎ 2015年6月8日米兰世博会万科馆「龙·计划」发布会现场

◎ 五龙庙环境整治工程完工后，村民举行庆祝活动

「龙·计划」与社会参与文物保护的探索

吕
舟

文物保护是一项社会事业。2015年万科在米兰世博会期间启动的"龙·计划"为企业参与文物保护工作做了很有价值的尝试。这一计划已基本完成。"龙·计划"对全国重点文物保护单位山西芮城广仁王庙的环境整治和关于中国古代木结构建筑发展历史的展示已经呈现在大家的面前。"龙·计划"重新修葺了广仁王庙的护坡,铺砌了庙宇庭院的地面,拆迁了庙前空间的搭建,修缮、加固了原已废弃的几孔窑洞,标示了原本位于戏台下的"龙泉",并特别为周围的村民在龙泉旁留出了一个公共活动的空间,使原本仅作为早期建筑的样本进行展示的广仁王庙又一次与周围村民的生活密切地结合在了一起。

广仁王庙由于历史的变迁,仅存主殿和戏台两座建筑,周围附属建筑的缺失,使寺庙失去了原有的空间尺度。这次的环境整治方案,在邀请当地文物部门对寺庙庭院进行勘察的基础上,在已公布的建设控制地带范围

© 2015年3月10日,芮城县旅游文物局领导与吕舟教授实地考察五龙庙,对整治方案给出专业意见和建议

修筑了矮墙，在一定程度上修复了原有寺庙的空间尺度感，并利用新建墙体与原有围墙之间的空间和通道，构成了一个个观察、欣赏广仁王庙大殿建筑的"景窗"，墙体上镶嵌的一幅幅中国各时代木结构建筑的图像，无声地向经过的人们介绍着中国古代木结构建筑发展的历史，一组组巨大的斗拱模型又增加了这种讲述的趣味性和参与性。墙体采用仿夯土表面处理，既简朴又与当地环境和谐一致。工程在施工的过程中，已经吸引了周围村民的浓厚兴趣。

"龙·计划"的实施是一个极为有趣的合作过程，这里有发起这一项目的企业，有国家文物行政主管部门，有支持这一项目的山西省文物主管部门，有作为业主的当地政府、文管部门，有当地村民，有主持设计的建筑师、文物保护专业机构，有负责评审的文物工程评审机构、文物保护专家，还有实施工程的施工队和工人们。大家都对这一项目表现出了极大的关注，更热情地支持了这一项目。国家文物行政主管部门及时批复了方案设计，负责设计的建筑师根据文物部门的要求和保护专家的意见反复调整了设计，企业根据方案及时增加了资金投入，施工队则完满地实现了设计方案。"龙·计划"并非一个投入巨大的项目，但它又的的确确引发了社会的关注，许多人为这个计划投入的忘我和兴奋的日日夜夜，确像一股滋润古老文化的清泉，渗入芮城县广仁王庙的土地当中。

国务院在最近发布的《关于进一步加强文物工作的指导意见》中指出："文物是不可再生的珍贵文化资源，是国家的'金色名片'，是中华民族生生不息发展壮大的实物见证，是传承和弘扬中华优秀传统文化的历史根脉，是培育和践行社会主义核心价值观的深厚滋养。加强文物保护，让收藏在博物馆里的文物、陈列在广阔大地上的遗产、书写在古籍里的文字都活起来，对于传承中华优秀传统文化、满足人民群众精神文化需求、提升国民素质、增强民族凝聚力、展示文明大国形象、促进经济社会发展具有十分重要的意义。"芮城广仁王庙正是

◎ 修缮后的戏台

这样一张金色的名片，通过"龙·计划"，通过社会各方面的积极关注，这一历经千年风霜的古老建筑又一次展现出它的活力，在呈现出深厚的历史价值、艺术价值的同时，展现出了它所具有的巨大的文化和社会价值，成为今天人们尊重历史、传承文化的重要场所。国务院提出"发挥文物的公共文化服务和社会教育功能，保障人民群众基本文化权益，拓宽人民群众参与渠道，共享文物保护利用成果"的基本原则，"龙·计划"正是对这样一个文物保护基本原则的探索和实践。

龙鳞幻彩，梦回唐朝

——"龙·计划"与我的故事

张璐

作为一个建筑设计师，从1999年参与设计北京万科青青家园开始，到2015年主持设计的大连万科蓝山竣工，我与万科在设计领域中的合作已经持续了十几年，也在工作中结识了这次"龙·计划"的主要倡导者丁长峰先生。

作为一位清华建筑系的毕业生，我有很多师兄弟姐妹们在万科，时常能分享到万科这个企业的作为，感受到万科以"企业公民"为己任的社会担当。这里包括我的好朋友，"龙·计划"的主要参与者侯正华，我正是从他的宣传中获知此事的。

"龙·计划"中还有一位不可不提的重要人物，被万科委以重任，担任五龙庙保护区整体规划与建筑设计的都市实践王辉师兄，我们是时常一起去国家大剧院看歌剧的好伙伴，亦师亦友。

基于上述缘分，"龙·计划"对于我来说，从一开始就不是"外人"的事儿，而是自己兄弟们的事情，更何况是这么一件有意义、有趣味的事情，我感到自己责无旁

© 张璐在2015年北京国际设计周「龙·计划」开幕会上观看展览

贷，才听到这事十分钟之后就完成了付款，把自己的"处女众筹"献给了"龙·计划"这么一项富有情怀与使命感的活动。

我几乎是在完成捐款之后才开始认真思考这整件事情的意义。简单地说，"龙·计划"就是，用米兰世博会万科馆"盘龙"身上的四千块炫红陶片（世博会结束后被拆除），众筹资金用于修复与更新山西省芮城县的一座唐代古庙——五龙庙。五龙庙何许庙也？不是什么著名景点，也不大，但确是修建于公元832年的中国现存的四座唐代建筑之一，在岁月的沧桑流转中已经无人问津，趋于破败。本身不是一件惊天动地的伟业，万科也不缺这些许资金，但这是一个很好很有趣也很有益的创意，旨在唤起大家对中国古建筑保护的意识，唤起大家对祖国古老灿烂文明的尊重，"龙·计划"与五龙庙只是星星之火，希望它可以燎原！"龙·计划"巧妙地把最时髦的现代建筑与最传统的古代建筑，用一种很酷的方式连接在了一起，把有志之士连接在了一起。我等能做的事情：一喝彩！二参与！三传播！感谢万科丁长峰与其团队的努力，感谢侯正华的分享，感谢都市实践王辉为全新五龙庙的付出！如果我们是一片片陶板，五龙庙可以获得新生！如果我们是一块块墙砖，我们可能真的筑起新的长城！

2015年9月25日，"龙·计划"发布会在杨梅竹斜街举行。面对中外来宾与媒体，侯正华讲述了"龙·计划"背后的几年曲折，我也是第一次得以详细地了解在目前的中国，一个民营企业，即使是万科，想做文保工作的难度。我也有幸作为捐赠者代表发了言，表达了参与者的热情。随后王辉展示了五龙庙整体环境设计的进展，几易其稿。最终方案有保护、有创新、有技术、有文化，实属不易。

一个月以后，我来到了米兰。夕阳下的万科馆外观十分抢眼，幻彩面砖效果独特，散发着变幻莫测的光彩，显示出很高的工艺水平。万科馆内的"媒体森林"，通过数百块屏幕展现大都市人舌尖上的乡愁，感人至深。在

场的外国人都能以画面中的食物为媒介，感受到人性可爱的共同点。即使是坐落在外国而且由外国人设计，万科馆还是在世博会的大舞台上展示出生机勃勃的中国力量。想到还有一块幻彩面砖是属于我的，我的参与感顿时强大起来。

我曾经去寻访过奈良的唐代建筑，唐招提寺、东大寺、法隆寺。看到古建筑所得到的保护，心中既欣慰又惆怅。我也曾去过山西南禅寺与佛光寺，追寻着祖师爷的足迹与执着。2016年5月14日的落成典礼，使我终于有机会来到山西芮城，来到焕然一新的五龙庙，看到了热情的乡亲们和精彩的地方戏，看到了凝聚着创意与巧思的庭院，看到了设计者精心打造的中国古建科普室外展场，还看到那镌刻着包括我在内的所有捐赠者名字的铜碑……在过去，富裕的乡绅都以捐钱修庙为光宗耀祖、福荫子孙、造福桑梓、行善积德之举，这里潜藏着人们内心对传统道德的敬畏，对历史文化的传承。今天，"龙·计划"的参与者们，将以他们的微薄之力，传承着历史与文化的血脉，这是中华民族的神与髓，在我们这一代人手中，不可断，不能断，不会断。

2015年9月23日,由URBANUS都市实践建筑设计团队与万科集团主办的"龙·计划"展览在西城区三井胡同26号开放展厅。"龙·计划"展厅的观览者当中不乏专业的建筑设计者,专业媒体,国外友人,热爱文物保护事业的大学生,邻里市民和广大游客。这个由万科集团和各方机构联合发起的"龙·计划"公益众筹古建筑保护项目,把一座被忽视的国宝文物带进当下人的视野。这个展览通过2015北京国际设计周平台向观众详细解析了中国的文物保护事业,以引起更多的人对文物保护的关注。

草图绘制：王辉

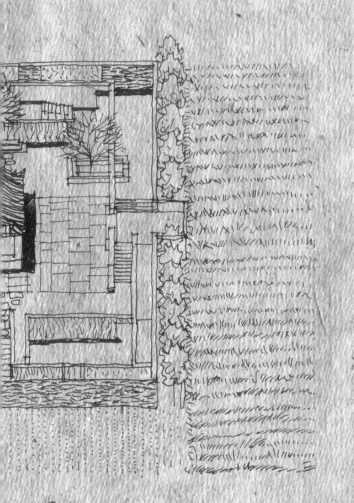

「龙·计划」
五龙庙环境整治方案

LONG PLAN

Environmental Improvement Design of
the Five Dragons Temple

五龙庙环境整治设计

项目地点　山西省运城市芮城县
用地面积　5838 ㎡
建筑面积　267 ㎡
设计时间　2013-2015
建设时间　2015-2016

业主单位　山西省芮城县旅游文物局
策划执行　"龙·计划"团队｜丁长峰,侯正华,
　　　　　曹江巍,李晓玫,钱源,董丽娜,吕建仓,
　　　　　张晓康,王辉,韩家英
建筑设计　URBANUS 都市实践
　　　　　王辉｜邹德华,杜爱宏,闻婷,
　　　　　Anne Van Stijn,李晓芬,李永才
展示设计　韩家英设计有限公司
　　　　　韩家英｜关江,王俊,李承泽,罗文彬
施工图配合　清华大学建筑设计研究院有限公司
　　　　　崔光海｜汪震铭,王亚楠,韦磊,汪静 /
　　　　　结构:郑宇 / 给排水:陈梦化 /
　　　　　暖通:张大伟 / 电气:陈兵
　　　　　loma 陆玛景观规划设计有限公司
　　　　　刘大鹏,王硕,郭凤志,葛翔,安静,
　　　　　毕琳琳,刘立坤
摄　　影　杨超英,阴杰

大　殿
MAIN TEMPLE

晋南古建展廊
SOUTH SHANXI PROVINCE
ANCIENT BUILDING EXIHIBITION

思　庭
COURT OF MEDITATION

戏　台
STAGE

村民广场
VILLAGER PLAZA

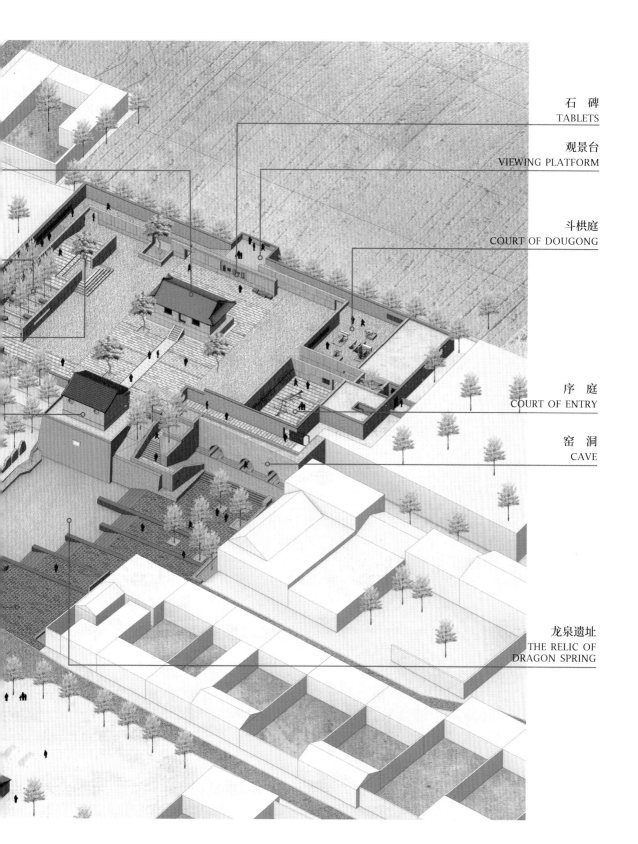

石　碑
TABLETS

观景台
VIEWING PLATFORM

斗栱庭
COURT OF DOUGONG

序　庭
COURT OF ENTRY

窑　洞
CAVE

龙泉遗址
THE RELIC OF
DRAGON SPRING

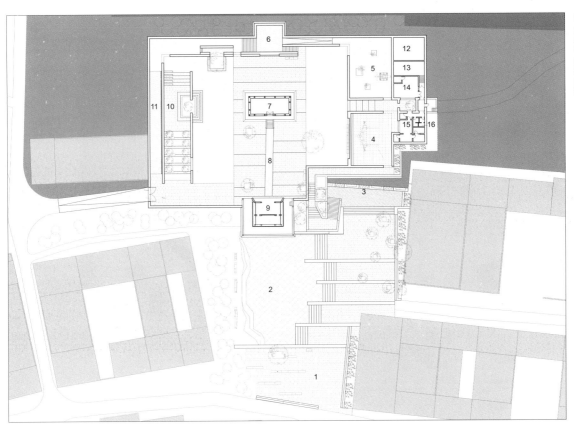

◎ 五龙庙上层平面图

1 村民广场　　　　9 戏台

2 龙泉遗址　　　　10 思庭

3 窑洞　　　　　　11 晋南古建展廊

4 序庭　　　　　　12 消防水池

5 斗拱庭　　　　　13 水泵房

6 观景台　　　　　14 发电机房

7 大殿　　　　　　15 售票处、监控室

8 大殿广场　　　　16 卫生间

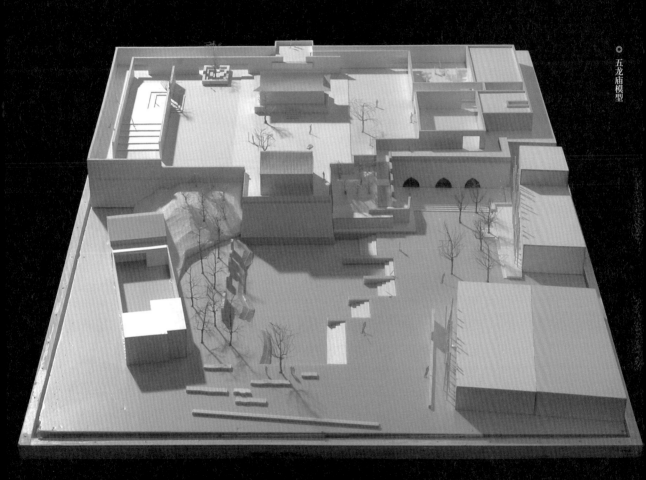

○ 五龙庙模型

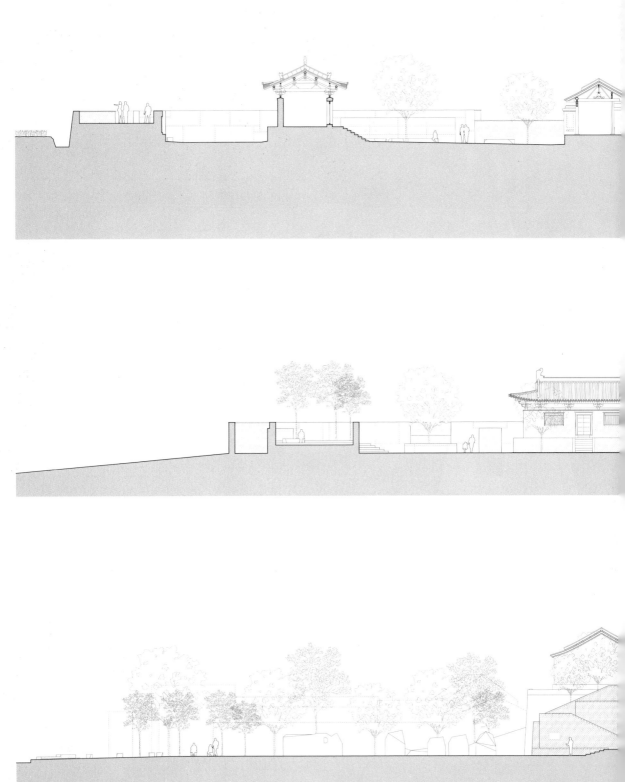

◎ 五龙庙剖面图

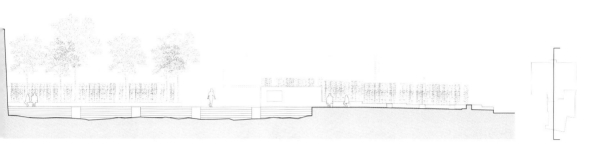

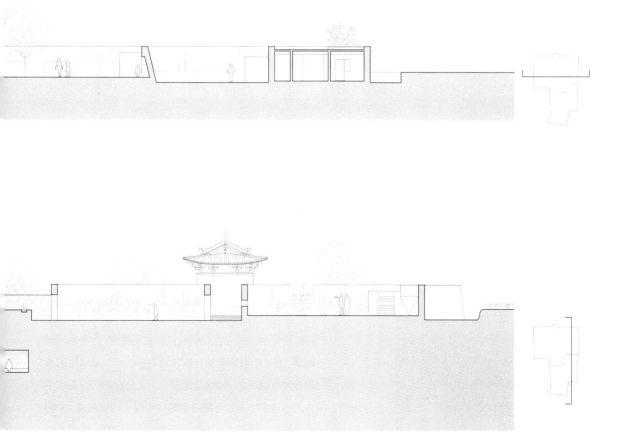

0 1   5   10m

龙·计划
米兰世博会万科馆建筑的延伸
/
龙·计划
建筑文化审美穿越传统之未来
龙·计划

韩家英

龙

Long·Plan

计划

2015年我们在为米兰世博会万科馆做视觉设计的时候,"龙·计划"的工作就已经在酝酿当中了。随着万科食堂、万科集团品牌新形象在米兰世博会的亮相,一个全新的众筹计划,运用米兰万科食堂建筑的龙鳞瓦片进行众筹,保护山西芮城一座唐代古庙五龙庙的公益倡议产生了。

万科馆的主题是食堂,食堂是中国人集体生活中一个共同的符号,承载了中国人关于食物、食品、饮食文化的综合记忆。五龙庙恰恰是农耕文明时期,为祈求风调雨顺、五谷丰登而建的一座唐风古庙。一个是建筑形态极具未来感的万科食堂"龙馆",一个是穿越历史遗存至今的古建"龙庙",不期而合都与中国人的图腾龙、中国人的饮食文明有关。万科在这样的机缘之下,实施了这项保护中国古建筑的公益项目。从我们的角度来说,从

世博会万科馆的品牌创意，延伸到"龙·计划"活动的公益推广和五龙庙的展示呈现，与万科共同来做这样的一个公益事业。

对中国古建筑的保护，恢复唐风古迹一直以来就是我们的心中理想。通过对五龙庙古建筑的公益保护，把中国盛唐文化中的精华用今天的方式彰显给世人，也是我内心最希望追求的。

五龙庙的建筑保护，有很重要的功能教化意义。在建筑修复后的室外部分，有一个对古建筑历史文明介绍的展览展示空间，呈现的是中国古建筑和山西古建筑的历史传承说明，这些都是功能上的教化。我们的工作是透过这种大的主题和要求，把对中国古建筑的记录性介绍，合理地展示呈现，给大众一种潜移默化的审美教化。在这样一种唐代风格构造的建筑空间内，把中国的审美

透过图形、文字和材料的呈现，展现今天的东方的美。在最后呈现上，我们选择了在铜板上雕刻填色的方式，来保持风格上的厚重大气和功能上的耐用性。字体的选择，用了一种龙爪体。龙爪体的字型优美，笔画刚劲有力，原型来自于宋代孝宗年间发行的《周礼》，这种字体既能与建筑风格统一，也从细节处展现这座古庙的古风美感。

"龙·计划"的公益倡议，为我们思考中国当下审美，如何在古建修复的视觉塑造上更好地呈现，提供了一个机会，我们还是觉得没有达到心中梦想的追求，这也是未来我们希望能够继续践行和思考的方向，在中国文化的当代性实验之路上继续下去。

◎ 米兰世博会万科馆标识形象

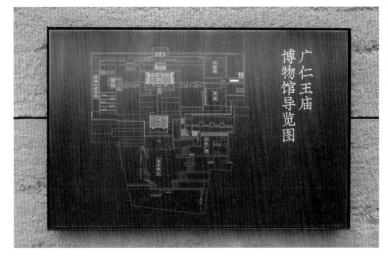

○ 斗拱庭

斗栱

斗栱是中国传统术构体系中最重要的构件 梁思成先生曾指出

其作用是如此重要 以致如果不彻底了解它 就根本无法研究中国建筑 它构成了中国建筑柱式中的决定性特征

一组斗栱宋代称为一朵 清代称为一攒 是由若干个

斗 亦称 方木
栱 亦称 横材

组合而成的

它可置于柱头上 也可置于两柱之间的阑额上或角柱上 根据其位置它们分别被称为

柱头铺作
转角铺作
补间铺作

铺作即斗栱的总称

组合斗栱的构件又分为斗栱昂三大类

根据位置和功能的差异共有四种和五种栱 然而从结构方面说最重要的还是

栌斗 即主要的斗和
华栱

后者是从栌斗向前后挑出的与建筑物正面成直角的栱 有时华栱之上还有一个斜向构件与地平约成三十度交角称为

昂

它的上端称为昂尾常由梁或楼的重量将其下压 从而成为支承挑出的屋檐的一根杠杆

斗栱的功能是将上面的重量传递到下面的垂直构件上去

华栱也可以从上下重叠使用 层层向外或向内挑出称为

出跳 一组斗栱可含一至五跳

横向的栱与华栱在栌斗上相交叉 每一跳有一至三层横向栱的称为

计心 没有横向栱的出跳称为 偷心

只有一层横向栱的称为 单栱 有两层横向栱的称为 重栱

依出跳的数目计心或偷心的安排华栱和昂的使用等不同情况可形成斗栱的悬挑 以及单栱和重栱的使用可形成斗栱的多种组合方式

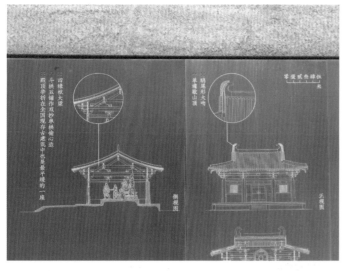

○ 斗拱庭局部

斗拱庭

○ 斗拱庭门牌

◎ 晋南古建展廊

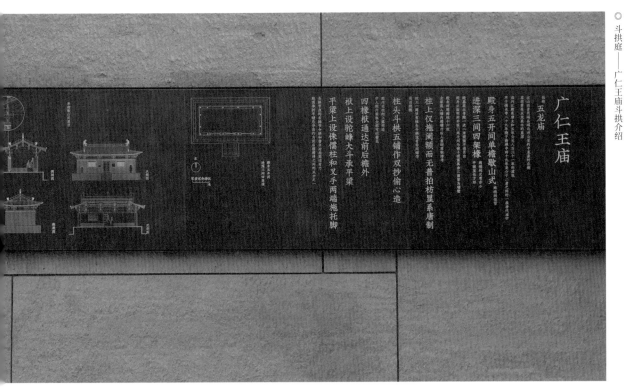

◎ 斗栱庭——广仁王庙斗栱介绍

广仁王庙
五龙庙

殿身五开间单檐歇山式
进深三间四架椽
柱头斗栱五铺作双抄偷心造
柱上仅施阑额而无普拍枋显系唐制
四椽栿通达前后檐外
栿上设驼峰大斗承平梁
平梁上设侏儒柱和叉手两端施托脚

草图绘制：王辉

「龙·计划」

LONG PLAN

五龙庙再生

Revitalization of the Five Dragons Temple

从2015年10月22日到2016年5月12日这短短的几个月时间内，"龙·计划"团队通过科学的施工管理，利用当地施工力量完成了五龙庙环境整治工程，给庙宇带来了环境的新生，同时安装了消防、监控等文物保护设施。

龙泉遗址与村民广场区域

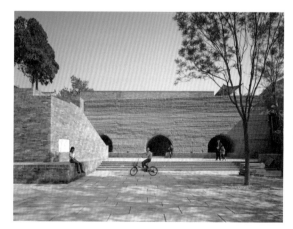

入口与序庭区域

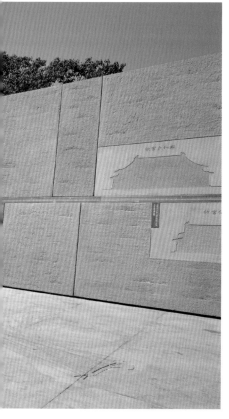

庙院主空间

思庭区域

霍州观音庙
第六批国保

时代 元至清
地址 霍州市赵家庄村

观音庙坐北朝南总体布局为两条平行轴线东轴线为一进院
中轴线上分布有元代过街阁楼观音殿轴线两侧分布有廊屋
庙院南总长五十七米东西宽四十三米占地面积两千零二十一平方米

现存为元明清建筑

霍州州署大堂
第四批国保

时代 宋至元
地址 霍州市城内东大街北侧

霍州署创建年代不详据明嘉靖三十七年公元一五五八年版霍州志记载
元代州署已具一定规模元大德七年公元一三〇三年大地震建筑全部塌毁
次年重建元至正十八年公元一三五八年殁于史实再次重建后元至正
明洪武四年公元一三七一年重建后代又屡有增补修葺
现存建筑大堂为元代原构仅门戗石亭为明代建筑余皆清代所建
霍州署北朝南总占地面积六千平方米
大堂为衙署主体建筑建在一点二米高的台基上月台宽二十一点二零米深十八米
前显面宽三间进深一间的卷棚歇山式抱厦
前檐开敞后檐明间辟板门两山群临楼板门通左右厢房柱头上施大额枋斗栱五铺作
中轴线上依次有谯楼仪门戗石亭大堂等建筑

临汾市

霍州市城内东大街北侧

临汾市

运城市

霍州市赵家庄村

晋南古建展廊区域

斗拱庭区域

草图绘制：王辉

「龙·计划」

反馈与评价

LONG PLAN

Feedback and Comments

有龙则灵

五龙庙环境整治设计「批判性复盘」

＊此文曾发表于《建筑学报》杂志第575期，2016年8月刊。

周榕

复盘·后博弈

"复盘"，这一源自围棋的术语，精髓在于博弈之后的再博弈：一局手谈终了，或独自、或邀二三同道中人，逐一复演对局招法，回到战时情境中衡估利钝得失，并探讨既成盘面之外的其他可能性。复盘抽离了实战搏杀中的速度感与功利性关切，通过关键节点的招式拆解及假想型的思维推演，不仅使对弈过程的取舍优劣清晰呈现，更让一纸固定的棋谱幻化为无数局可能的流变。离开复盘，围棋不过是寻常的胜负游戏，而对博弈过程进行复盘的再博弈操练，则让围棋晋身为一种思维的艺术。

从博弈的角度观察，建筑实践亦如枰对——从筹谋、设计到施工、落成，乃至媒体刊布及社会反馈，每一步都可能出现意想不到的条件限制与问题挑战，需要建筑师放弃定式套路而拆招应对。若论博弈空间的错综宽广，建筑实践远逾棋道，其中蕴藏的博弈智慧更是可供持续开掘的思想富矿。然而遗憾的是，由于建筑专业

◎ 周榕在2016北京国际设计周「谈心聚场」中发言

领域缺少后博弈的"复盘文化"，使得"建筑评论"常变质为总结性、断言式、概念化的"建筑评价"，从而失去了本应通过在复现情境中层层辩难、对拆而显影出的批判性思维价值，导致建筑实践无法真正从建筑评论中获取智慧养分。未经深度博弈化的头脑交锋与心智砥砺，建筑评论和建筑实践难免隔山打牛、南辕北辙；而经由回溯、拆解并诘问关键节点博弈招式的"批判性复盘"，建筑评论才能更真实、有效地切进建筑实践的思想内核并对其发挥智识作用。

来自文保专业领域的争议，让山西芮城五龙庙环境整治工程在完工后，被动地进入了一个复杂而激烈的"后博弈"状态。由于事关全国重点文物保护单位——存世第二古老的唐代木构建筑，被命名为"龙·计划"的这一项目甫一进入传播语境，便吸引了文保领域的专家和大批文物建筑爱好者的高度关注，随后来自这一群体部分成员的非议之声更不绝于耳。非议的焦点所在，是这个严重偏离了文保建筑周边常规处理范式的设计，是否具有令人信服的"合法性"？

在专业的建筑设计领域，"合法性"从来不曾成为一个问题，受过严格职业训练并有着丰富从业经验的建筑师，似乎天然得到了对其设计的"合法性授权"。而围绕"龙·计划"项目展开的跨界争议，却突然在"文化合法性"问题上将论辩双方拖了相互质疑的意见漩涡——文保专家高举保护历史"真实性"的行业大旗，批评建筑师破坏了历史环境的整体一致性信息；而建筑师则以"时代性""社会性""日常性"等观念针锋相对，直指建筑遗产保护领域的固步自封。在这个"双向批判"的博弈格局中，博弈双方都不自觉地以己之长攻彼之短，试图一战而夺取"文化合法性"问题的话语权高地。然而，这种各执一端的利益化博弈状态，远不能充分兑现"后博弈"这一难得的批判性契机所可能揭示的思想价值。因此，本文试图采用"批判性复盘"的方式，回到五龙庙环境整治设计的关键性思考节点，分别围绕设计态度、设计策略和设计形式这三个不同维度，将该设计引发的

思想博弈导向更为深化的层面。

态度·如有神

建筑师王辉第一眼看到的五龙庙，周围环境较为恶劣。这个千余年来一直庇佑中龙泉村风调雨顺的精神高地，其原有的"神性"在很多年前就已经黯然消逝，仅余下凋敝的人工躯壳。与中华大地上许许多多曾有"神灵"栖居的传统信仰空间一样，五龙庙的颓败始于现代世界的"祛魅"——机井灌溉技术的普及，令祈雨仪式变成不折不扣的迷信，而祈雨功能的丧失，又让这一场所逐渐失去了对乡村日常生活的精神凝聚力。随着地下水位的下降，原本风景如画的五龙泉干涸枯裂，天长日久竟沦为村里的垃圾堆场。从曾经的精神制高点跌落凡尘贱地，五龙庙的遭遇，仿佛古老农耕文明在现代社会衰微命运的缩影。

如果说，与神的"失联"让五龙庙地区开始丧失尊严的话，那么，与人的区隔则让五龙庙的整体环境彻底失去了"活性"。2013年末至2015年初，国家文物部门对五龙庙及戏台进行重新修复之后，四围红墙和一道门锁，把五龙庙与周遭环境决绝地切割开来。这种在中国建筑文保领域极为通行的常规做法，实际上是把围墙内的空间，视为一具将历史遗存当作僵尸"封印"起来的水晶棺，以此来保护所谓的物质"真实性"尽可能少地受到时代变化因素的干扰，从而能近乎恒定地留存下去。不得不说，这种将文保建筑置于"灭活"的、"非人化"空间中的思路和做法，在当下的国内文保领域仍然占居主流，而其理据却极少受到批判性的质疑与拷问。"存其形、丧其神、逐其人"，是国内大多数文物建筑经过标准文保整修流程"保护"后所遭受的普遍命运，如果没有"龙·计划"的介入，五龙庙不过是尘封的物质遗产库存单上所记录的一个名号而已。

面对彼时的五龙庙这块事实上"人神两亡"之地，王辉在设计之初的价值目标简单而明确——要引人、更要"通神"。引人，是建筑师设计公共空间的看家本领；而

"通神"，显非易事。所谓"通神"，可以理解为对现代"祛魅"空间某种特殊的"复魅"(re-enchantment)过程，而这种"复魅"的最终目标，是为场所营造一种非功利、超越性的"神性氛围"。正如美国著名政治学家本尼迪克特·安德森在《想象的共同体》一书中所言，宗教式微后的现代社会，反而更需要一种作为宗教替代物的新神话，从而"通过世俗的形式，重新将宿命转化为连续，将偶然转化为意义。"① 事实上，神话作为一个虚构的意义框架，对人类个体短暂而偶然的存在给予一种意义性的解释和定位，这个有关人类存在终极价值的解释与定位功能，是包括科学在内的一切演化论／进步论的思想形态所无法取代的。因此可以说，一切文明的价值内核必然是"神话"，而"神性空间"也标志着一种文明在空间想象上能够达到的巅峰。在"人格神"神话日趋破灭之后，重塑"文化之神"的相关叙事成为现代社会的重要使命。随着现代文明的深化演进，现代建筑也走出了一条从功能性到人性、再从人性到神性探索的历史轨迹。而在终极关切的价值意义上探索空间"神性"，在中国当代建筑实践中尚处于一片幽暗的空白。五龙庙环境整治设计，或许可以算作中国建筑师小心翼翼迈向"通神"之路的一小步。

如何在不采用任何传统宗教性空间手段的前提下，用世俗的形式重新凝聚乡土精神、萃取文化意义，使五龙庙再度复魅为一个新的"神性场所"？复盘至此，我们基本可以理解王辉要将五龙庙的周边环境设定为一个整体露天博物馆的初衷所在。事实上，在现代建筑体系中，可供建筑师使用的与"神性"相关的思想资源和形式资源极为匮乏，而博物馆作为从最早的缪斯神庙发展、转化而来的"现代知识神殿"，也的确是最符合将五龙庙打造成新神性场所的当代建筑类型选择。"博物馆和博物馆化的想象(museumizing imagination)都具有深刻的政治性"②，因为这意味着通过高度体系化的知识收集与陈列，而虚拟地拥有了这些知识的产地空间，以及支配空间的合法性权力。博物馆所代表的"知识权力"

辐射出的、抽象的神圣气场，正是王辉所试图借取、调用的场所复魅工具。在笼盖全域的"博物馆化"神性氛围基调下，博物馆具体的展陈内容、及其与五龙庙本身是否贴切都已无关大局。

恰如在精卵相遇的刹那，就已然决定了其所孕育的生命本质；建筑师价值态度的确立，即已铺就了一个设计的本底调性。"通神"，是五龙庙环境整治设计所昭示的统摄性文化态度，其后无论是建筑学的取势赋形，还是社会学与经济学的附加值动作，都莫不围绕此一根本性人文观照而展开。从本质上看，五龙庙环境设计的价值目标既非功能性，甚至也非形式性，而是精神性的。继前所述，神话，也即精神性的意义归宿是"文化乡愁"的价值内核，建筑师在该项目上的雄心，是通过营造一个"传统"与"现代"并置勾连的新神性场所，来凸显某种古今延绵、新旧生息的"连续性"意义归属——寄寓于日常生活从而斩之不断并挥之不去、有关精神故里的"文化乡愁"。在这一被重新定义的当代"文化乡愁"中，五龙庙被标准文保流程所"脱水"的"标本化历史"，重新被接续上时间的水源和生态的血脉。

在中国传统的文保观念中，现代生活被刻板地视为对古代遗产富有侵蚀性的"有毒环境"，因此需要在文物建筑和周边的人居场所之间进行严密的"无菌化隔离"，哪怕文保对象就此成为僵尸化的"死文物"也在所不惜。从这个角度看，"龙·计划"对于五龙庙文物本体最富于创造性的贡献，是将其原本"无菌化"的"隔离环境"，置换为一个"过滤性"的"缓冲环境"，让当代生活与历史遗存之间保持某种低烈度但具有日常性的无缝交接。即便不考虑"龙·计划"通过拓展旅游市场为五龙庙所增加的经济吸引力、通过再造精神性公共空间为中龙泉村所提升的社群凝聚力，以及通过广泛的媒体传播而得到极大跃迁的社会知名度，仅从其通过神性贯注和人性滋养，令"僵尸态"的文物本体"活化"为综合性的人文生态核心这一条来评判，五龙庙环境整治设计就无疑攫取了比寻常文保项目更丰富、更贴身、更具生命力的"文化合法性"。假如说人文态度和价值取向决定了一个设计"评分系数"的话，那么"龙·计划"项目的"评分系数"显然获得了更高的整体难度加权。

尽管在王辉和都市实践的所有作品中，五龙庙环境设计当属精神格调最高的一个，但过于强调"神性氛围"的营造，也限制了建筑师在设计的多样性和灵动性方面的发挥。例如，相较于高台上五龙庙周边为乡土"安心"的神性之地，坎下五龙泉旁为村民"安身"的公共广场则不免稍逊人意。由于两者采用了相近基调的神性氛围设定，导致为人服务的村民广场略显呆板和萧索。实际上，似此乡野小庙，在民间传统中本为人神杂处互娱之所，坎顶神性空间的端庄凝肃，理应用坎下世俗空间的生息灵动予以对偶均衡，方收人神相谐、水火既济之妙。而现下的村民广场采用强化平行式空间切分节奏的景观布局套路，仿佛仅仅是坎上神性序列一个匆忙的前导与过渡，其对"在地性"的照料和"日常性"的入微方面显有缺失。上下并观，神思有余而人虑欠足，以致整体环境设计功成半阙、未竟全曲。想必，"通神"而不"远人"，是需要在更多经验积累之上才能逐渐领悟并运用平衡的设计辩证法。

策略·再虚构

神话，无非是一场"有意义的虚构"。尽管一切设计本质上都是"虚构"，但对"龙·计划"这一有预谋的空间新神话来说，设计的策略难点在于，如何调动资源把空间的"虚构"组织成为精神性的"意义结构"，同时又不能对文物本体的真实性产生侵害。

事实上，五龙庙在2013年落架大修后，无论是文物本体还是周边环境都已沾染了浓厚的"虚构"色彩。特别是被红墙包围的空荡庙院空间，完全是五龙庙申请文保单位后才出现的"虚构"产物，而此前五龙庙主体一直被当作乡村小学来使用，其原初状态的庙墙界域和形制已不可考。因此，王辉在开始"龙·计划"设计时即已清醒地意识到，这次设计在本质上，就是对文保部门所"虚构"出来的五龙庙既存环境的"再虚构"。

被文保专家所集体默认的五龙庙披檐红墙，在某种程度上反映了国内文保领域对环境"虚构"的两个认识误区：其一，是用"类型化"的普泛方式处理"虚构"。一般而论，文保领域内的"遗产"概念，其关联对象必然是一个文化的"想象的共同体"。因此出自文保专家之手的环境"虚构"，往往与文物本体的独特状态无关，而更多地考虑其是否符合文化共同体对"历史风格"的普遍化想象；其二，是混淆了"虚构"与"伪造"的界限，将文物本体以外的周边环境统一进行仿古式处理，以达到"拟真"甚至"乱真"的和谐效果，但其结果，却往往使文物本体的"真实性"遭到文物环境"虚假性"的强烈破坏，从而将文保对象置于一个真伪难辨的可疑历史状态。五龙庙的"文保院墙"，集中展现了低品质的"类型化环境伪造"对文物本体的伤害——不仅其色彩与五龙庙古朴的形式外观毫不协调，其规制更是破坏了五龙庙作为唐构遗存的可信度。

为校正上述两个误区所带来的偏差，针对五龙庙既存"虚构"环境的"再虚构"，就需要用"创造性虚构"来代替原有的"伪造性虚构"，用"个性化虚构"来代替原有的"类型化虚构"，力求做到"虚而不假、幻而不空"。为此，王辉在五龙庙环境整治设计中精心铺陈了三重"虚构"策略：

第一重策略，是"定位虚构"——通过使整体环境"博物馆化"，将五龙庙本体从原有的宗教定位转化为世俗的知识定位。建筑师巧妙而娴熟地把庙宇主体建筑组织进一条博物馆参观流线，位处展陈"中国古代建筑史时间轴"的东侧"序庭"与西侧的"晋南古建展廊"之间，从而令文物本体化身为巨大的实物展品。而入口"序庭"地面上雕刻的五龙庙足尺纵剖面图及附录其上的文字信息，把五龙庙实体反衬得更像是一个三维空间的知识投影。"定位虚构"让文保空间"再知识化"，把文物本体从被"封印"而对现实无效的"遗产状态"解放出来，成为鲜活的当代知识系统中的有机一环。

第二重策略，是"空间虚构"——经过纵横墙体穿插的"夹壁"处理，五龙庙原本"中心—边界"式的单一空间结构，变成院落层叠互见、但又以庙宇主体为核心的多重环绕式空间聚落。聚落化空间结构增加了五龙庙环境的复杂性和多义性，平添了供人停留、盘桓的多样场所，非匀质的空间内容与形式使五龙庙整体环境变得生机勃勃并气息流转。

第三重策略，是"仪式虚构"——对建筑师来说，在繁复的传统祭仪消失之后如何还能保持五龙庙的神圣感，是一个棘手的形式问题。事实上，传统的祭仪之所以繁复，无非是为了通过冗余的仪式感拉开与凡俗生活的距离，深谙此理的王辉因此特意在前导空间形式中着重强调了"仪式感"和"冗余性"：五龙庙原本的进入方

式，是经过一道斜向陡坡直抵高坎上戏台一侧的庙门，然后开门见山地将庙宇主体一览无余。而王辉的新设计，不仅把从坎下到台顶的6m高程拆解为两段绕树而行的台阶，并且充分调动东侧空间的横跨与纵深，尽最大可能延展参观五龙庙的前序路径的长度。如果留心观察，从坎下的村民广场入口出发，直到第一眼看到庙宇主体的山墙面，前后共需要经历五次空间的转折。这五次空间转折，正是通过不知不觉的、强制性和重复性的身体转向，来达到冗余化的空间烘托目的，最终，这一新"虚构"出来、不断被叠加累进的"类祭仪化"行进过程，通过一条正对五龙庙山墙中轴线的狭长夹道而达到仪式感的高潮——五龙庙以一个相对陌生的"新"面向，成为"知识祭仪"的朝圣终点。

◎ 村民广场

经此三重全新的"再虚构"——"定位虚构"布设出提纯、抽象、精英化的知识结界；"空间虚构"生产出转折、剔透、变幻的多重景深层次；"仪式虚构"炮制出"三翻四抖"的戏剧化节点与逐渐聚焦的精神序列——建筑师在关系紧张的古典形式传统与当代乡村生活之间，植入了一个与两者都迥异殊隔的现代乌托邦空间"垫层"，整体设计由此散发出某种超现实的"致幻"感：一方面，非真实的"幻觉化"围合环境，强有力地反衬、烘托出五龙庙"真实性"文物本体的崇高价值感；另一方面，这一"超现实"缓冲层，极好地遮挡了周遭无序翻建的"新民居"给五龙庙造成的"现实性"视觉伤害，同时通过超现实空间序列的层层过滤，弱化了喧闹的世俗生活对神性领地的袭扰。尽管为都市实践所习用的以统一、抽象、纯粹为特征的乌托邦化空间设计手段，在复杂的现实环境中常显得"不接地气"，但用于此设计中整体超现实氛围的营造，却堪称妙手偶得——"去时间化"的衬底环境越纯净、虚幻，五龙庙作为历史孑遗的"真实性"和沧桑感反而越强烈。似乎证明了"诸法空相"的逆命题，或许是"空相皆法"。

形式·结法缘

王辉最初、也最中意的一张草图是粗糙的两面平行

墙体夹峙形成强烈的一点透视框景，堪堪将五龙庙山墙立面涵纳其中。这张最终完美变现的草图集中体现了建筑师在整个设计中的形式追求："有法度的视觉"。

与绝大多数中国传统庙宇一样，五龙庙正殿的中轴线位处正南北向，其南面建有一座用于娱神的清代戏台。但仔细观察，这个戏台并非位于五龙庙正殿的中轴线上，而是略微偏西坐落，也就是说，五龙庙主体的空间中轴线，并未通过连接戏台与正殿的中央甬路铺砌而被正确地标示出来。同样，五龙庙原来的入口偏居戏台东侧，与主体建筑的中轴线之间也没有任何对位关系。类似的不精确情形在形制较低的乡土建筑中极为常见，生动反映了民间营造的自由风貌，但却偏离了王辉为五龙庙所预设的精准知识状态。于是，建筑师就借助一系列的空间再造，来重新规定参观者对五龙庙"正确"的观看方式，并通过高度理性和精密的视觉对位控制，把原本带有几分"野气"的五龙庙整合进一个按照抽象的知识观念组织起来的严格的理性关系结构，是谓"结法缘"。

首先，确保坎顶平台上所有的新建墙体，都处于严格平行于五龙庙正殿的正交体系中，以此简明的标准参照系来保证古典透视法的有效性和统一性；其次，依托该正交体系，抽取对五龙庙正殿之东、西、北三个立面中轴形成一点透视的精确角度，通过建筑处理来设置对位

轴线的引导性看点。东侧两墙夹道形成的轴线感最强，西侧单墙破缺形成的轴线感弱之，而北侧以凸出观景台的方式形成的轴线感最弱，尽管如此，在这三条被精心定义了观看方式的轴线上，都可以清晰"凝视"透视变形最小、甚至逼近绝对知识状态的建筑立面，很大程度上校正了传统上对五龙庙形象较为散漫的乡土化认知；再次，在正殿的东南、西南、西北、东北四个角向上，或利用悬挑正交的框景，或利用坐凳及景窗洞口，同样精心安排了四个两点透视的经典角度。如是，三个一点透视、四个两点透视的周密视角预设，确保了对五龙庙正殿的观看，并非随意、偶然和连续，而是在一个法度谨严的知识格局中精准地定位展开的。

　　选择对文物本体预设如此定点化、绝对化的观看方式，显属建筑师迫于无奈的变通之举。由于五龙庙主体建筑的规制不高，其"耐看"程度，远低于佛光寺、南禅寺这样堂皇而精美的唐构，因此建筑师不得不运用空间手段，让人更愿滞留在精选视角的远观区域，被"法相庄严"所摄而无意抵近亵玩。但也正因对"法度视觉"的严格追求甚至过度设计，导致东侧次轴线被太过强调表现，同时在流线安排上也缺乏对顺畅进入正殿大门的转折引导，以至于在相当程度上影响了五龙庙传统中轴的统率性认知地位。另一方面，过于严谨的"法度空间"缺乏偶然的趣味性，而设计者对静态对位视觉的偏爱，则让建筑少了几分适意的身体自在感，令人对这一设计的最终形式难免产生"巧而不妙、神而未灵"的些许遗憾。

棋谱·新典范

　　对五龙庙环境整治设计进行批判性复盘，无异于一次智识的探险。设身处地，照谱拆解犹自目眩神伤；换位思考，可知建筑师处于高度紧张的真实博弈状态下原创性工作之艰难。实际上，在规矩森严的建筑文保领域，

贸然闯入的建筑师若想探索全新的创作道路，不仅需小心翼翼地应对文物本体严格的保护限制，更要有极大勇气直面来自体制内部的范式化压力。

　　中国具有漫长"官修正史"的传统，历史叙事的"文化合法性"往往取决于叙事者的"身份合法性"。体制内的建筑文保工作，在很大程度上是"官修正史"这一传统的当代延续与拓展。而这种对"历史叙事资质"的变相垄断，导致长期以来对中国建筑历史的文化叙事很难在更具批判性和多样性的意义上深入展开。在如此逼仄的叙事语境下，"龙·计划"借助民间资本的力量，以令人耳目一新的人文态度、运筹策略和空间形式，成为全面突破既有历史空间"官式记忆"模式的一次文化创新，堪称中国建筑文保领域一个难能可贵的"新典范"。

　　从历史发展的角度看，"新典范"的价值并非在于完美无缺，而在于能够率先打破惯性化的文化平衡态，并通过模式创新对整个生态系统的演进起到示范和带动作用。五龙庙环境整治设计不仅为中龙泉村的村民创造了一个欣欣向荣的社会新生境，更在建筑师不敢轻易涉足的传统文保领域进行了颠覆性的创新实验。尽管实验的结果对中国建筑固有的文保观念产生了极大的冲击，但社会各界对这一创新实验的广泛欢迎和赞誉让我们有理由相信，越来越多富于原创精神的设计师，会由于"五龙庙实验"的启发和感召，跨界进入一向封闭的建筑文保领域。而随着他们的加入，一种前所未有的当代文物建筑保护模式，或将在五龙庙的创新实验基础上孕育、生成。庙不在大，有龙则灵。

　　< 为撰写此文，特与刘克成教授深谈，承蒙提点、启发，获益良多，谨致谢忱！>

①　　本尼迪克特·安德森. 想象的共同体：民族主义的起源与散布 [M]. 吴叡人，译. 上海：上海人民出版社，2005：10.

②　　本尼迪克特·安德森：67.

考古建筑学与人工情境

对五龙庙环境整治设计的思考

鲁安东

＊此文曾发表于《时代建筑》杂志第 150 期，2016 年 7、8 月刊。

由 URBANUS 都市实践的王辉对全国重点文物保护单位——唐代建筑五龙庙（即广仁王庙）所做的环境整治设计引起了巨大的理论争议。这个项目坚定地对原有场地重新进行了组织和定义。它带来的改变并非发生在对象物的层面，而是重塑了物所置身其中的境。它挑战了我们对于历史场地的整体性和一致性的预设，而引入了一种新的空间价值观——一种呈现当代与历史、整体意义与独立片段之间差异性的设计思路。借用曼弗雷多·塔夫里（Manfredo Tafuri）对卡洛·斯卡帕（Carlo Scarpa）的评论，这种空间价值观体现了"在对形式的赞美和对其片段的散布之间固执的辩证。"① 笔者将这样一种设计思路称为"考古建筑学"，它的主要特征是材料的叙事和空间的沉浸式体验：

（1）并置：承认并加强材料的多元性和差异性；经常使用并置和对比的方式凸显差异性并作为叙述的媒介。

© 墙与框景

（2）沉浸式体验：利用沉浸式的空间（经常是内向的）对并置的片段进行整合，但并不试图削弱片段的独立性；空间常常带有历史性或特定记忆。（3）层积：考古学的地层或堆积的概念被用在对材料或建构的设计中；层积是历时的空间，也是物质对记忆的呈现；层积经常以材料的组合、剖面的揭示等方式呈现。（4）真实性：真实性是对片段处理和空间营造的判断标准；真实性既是指物质性也是指历时性。②

本文将在考古建筑学的视野下来解读五龙庙的环境整治设计。

场所性的转变

在建筑师王辉最初面对五龙庙时所绘制的意象草图中，唐代庙宇的山面——一个很少被如此凝视的角度——被前景的粗糙墙体构成的框景所定义。两侧夹峙的墙体和逐级上升的台阶将访客的视线引向这座古建筑，它优雅的屋檐曲线与朴素的前景建筑形成了一种对话。草图体现了建筑师清晰的设计决心——用一种质朴但迥异的当代建筑语言来彰显这座唐代木构。这一决心贯穿在整个项目之中并得到了充分的实现。另一方面，这个画面也暗示着潜藏的如画主义（picturesque），它发生在游历路径的关键点上——此时五龙庙第一次完整地呈现在访客面前，在这个狭长的通道上发生了即时的惊喜。然而在另一张从五龙庙北侧麦田拍摄的照片中，庙宇浑厚的轮廓安静地漂浮在麦浪之上，新建的庙墙呈现为水平的深色条带并在庙宇轴线上转化为一个前突的观景台。在画面中，田野与庙宇以一种松散的方式并存着，新建筑成为二者之间的协调者。

倘若进一步审视这两幅画面，可以发现庙宇在其中有着不太一样的存在。在被精心设计的建筑图景中，这座庙宇更多被视作一件珍贵的唐代木构遗存，它的意义来源于其作为知识的物质载体。此时普遍性的知识是现场漂浮着的幽灵，而现场成为对知识的物质具现和空间注解。然而在以麦田为前景的照片中，古建筑似乎回归了原先作为庙宇的状态，它的意义来源于现场的使用和经验，场所性因而浮现出来。

与大多数文物建筑的境况相似，五龙庙的这两种性质之间隐含着冲突：不在场的知识（例如文物的"价值"）寻求着在现场的物质呈现，而本地的场所性——作为日常空间使用的庙宇——则由于传统乡村社会的解体而被消解。然而一个普遍的现实是，试图在纯粹本地重建场所性的努力大多只产生表演性的奇观；而保护性的做法又常常仅从边界（围墙）向内建构出一个纯粹的"知识的现场"，从而剥夺了场地原有的本地意义的场所性。

因此五龙庙的环境整治项目可以被视作一种新途径的尝试：一方面，设计试图通过对知识的现场化产生新的空间情境；另一方面，它试图通过引入新的空间情境（例如入口广场、展览庭院或北侧的观景平台）来重新形成与本地、社会和景观的联系。这种新途径需要重新理解建筑学的"场地"（site）概念，将其视作领域——由场地自然条件所支持的"场"，而不是带有确定边界和用地性质的"地"。然而无论如何，这一途径的起点是在普遍性知识的基础上创造新的场所性，它在事实上替换了原有的本地场所性，虽然后者常常已经被消解。

人工情境

对于知识的现场化（领域化）而言，情境是一个必要又不确定的概念。它在物与环境氛围（ambience）之间建立起解释性的关联，将知识与体验整合起来。五龙庙的环境整治项目属于以对象为中心的再现式情境，"空间被赋予主题，从而为特定的物品或地标提供恰当的语境。我们通过与对象的关联来理解空间，同时我们也能够通过对象在空间中的存在方式来更好地理解对象。"③ 以纽约大都会博物馆的分馆修道院博物馆（The Cloisters）为例，这座1938年面向公众开放的建筑在博物馆设计史中有着特殊的地位，它用一系列修道院式的回廊院落（cloister）将展览流线组织起来，并将来自欧洲中世纪的艺术品与建筑构件用符合其原先状态的方式进行陈列。这样的展陈方式获得了巨大的成功，正如艺术评论家加尔文·汤姆金斯（Calvin Tomkins）所观察的，"许多游客表达了他们获得的愉悦感以及他们如何被场所的气氛和'魔咒'（spell）所打动，它更像是一个中世纪的发掘现场而不是博物馆。"④ 场所的"魔咒"显然来自情境的现场感以及它将人带入想象领域的能力，即我们通常所说的身临其境——通过假想为真实（make-believe）以获得愉悦感的心理过程。⑤⑥

在五龙庙环境整治项目中，古建筑（作为大型展品）被精心放置在新的形式语境中：一系列庭院和夹道组织起了展览的流线，仿生土的混凝土挂板墙与青砖墙交替出现，大量使用的框景、穿插等现代建筑语言则提供了丰富的视觉经验。它一方面对"展品建筑"进行着多角度的重新审视和框定，另一方面提供了一个涵盖性的总体人工情境，"展品建筑"被视作片段而在这个新的解释之场中被重新配置。这个人工情境无疑是当代的，它作用于当代的体验者，为他们进入展品所承载或者象征的领域提供一个合适的空间契机。正如在修道院博物馆中，空间以一种类似修道院的方式被布置，然而它的秩序不再来源于仪式和使用，而是顺序的游览路径。四个廊院（cloister）作为一种空间形式被自由地用于组织一个流动性的平面。在五龙庙项目中，原先静态的空间格局同样被动态的游览路径所重组。场地被转译为一个开放、流动的当代展览空间。

利用情境的"摄人"能力来重组片段之物进而经营意义并非新做法。18 世纪的建筑制图家皮拉内西（Giovanni Battista Piranesi）通过透视、光线和尺度的游戏将古典建筑元素重组为一个想象的考古现场⑦，英国新古典主义建筑师约翰·索恩（Sir John Soane）则在自宅中将收藏品按照它们在古典建筑中曾经的位置拼组为一个理想的建筑世界，用于给无财力前往意大利访学的建筑学生一个直观的学习情境⑧⑨，而现代建筑师

如卡洛·斯卡帕和大卫·奇普菲尔德则大胆地利用异质材料和元素的并置来创造出混合的情境⑩⑪⑫。情境为展品提供了一个解释之场，而建筑师可以通过设计来经营这个解释之场的叙事。

叙事

环境整治后的五龙庙有着多重的空间叙事。庙前的五龙泉被清理出来，保留的残垣断壁，从临近黄河边移植来的芦苇，以及用传统的夯土建造方式加以修复的窑洞，共同赋予庙前的公共空间一种历史沧桑感。进入五龙庙的路径被尽可能地拉长，并制造出曲折丰富的空间序列，礼仪式的行进（procession）被空间漫游（promenade）所替代，后者显然带给访客一种当代的

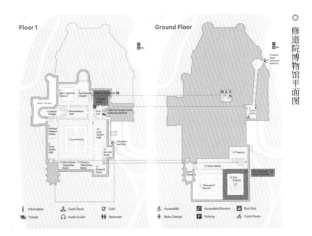

◎ 修道院博物馆平面图

◎ 修道院博物馆圣吉扬廊院

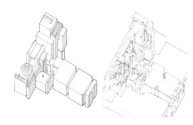

◎ 约翰·索恩博物馆空间分析

◎ 约翰·索恩博物馆内景

◎ 卡洛·斯卡帕设计的维罗纳城堡博物馆

◎ 大卫·奇普菲尔德设计的柏林新博物馆

体验。空间序列从引导台阶的设计开始,台阶从保留树木间穿过,折而向东,入口开在尽端处的院墙上,低调而神秘。进入院门抵达了序庭,仿生土的混凝土挂板墙首次出现,地面上刻着五龙庙足尺的剖面图,墙上则刻有中国古建筑时间轴,明确地将这个庭院表达为一处露天的展室。继续前行,抵达将五龙庙首次完整呈现的狭长通道,强化的一点透视关系聚焦在五龙庙优雅的侧立面,给访客带来强烈的视觉冲击和惊喜。在主殿和戏台之间,扩大了硬质铺地的面积,形成一个公共活动的场地。而在主殿北侧,新设了一处观景台,可以眺望近处的古魏国城墙遗址和远处的中条山。围绕着中心庙院设计了一系列周边空间(展室),访客在游览这些空间时可以通过各种景框观赏五龙庙。多样的视觉体验——新与旧、开与合、行与转、近查与远观、图文与实物——在行走中展开。

五龙庙环境整治设计所精心建构的无疑是一种如画式的现代空间体验,正如英国理论家戈登·卡南(Gordon Cullen)所提出的"一种关系的艺术,它将所有参与创造环境的元素编织在一起,房屋、树木、自然、水体、交通、广告等","我们的目标是通过操控这些元素以获得情感的效果……人的心灵对元素间的对比和差别作出回应,它通过一种并置的戏剧而变得鲜活。"[13]

人工情境的质询

这个项目实践了一种新的干预方式:它暂时搁置了对场地的整体性和一致性的预设,尝试呈现片段之间的对比和差异,并将它们转化为"并置的戏剧"而获得"情感的效果"。"人工情境"替代"场地",统一了片段之物。这个新的情境提供了对物不一样的阅读方式,并通过精心设计的空间漫游组织起来。然而回到从北侧麦田所见的图景,田野与庙宇之间的松散并存产生了一种自然生成的情境,它的叙事是模糊的,也会触发或悲或喜的不同情感。与之相对,人工情境是对知识的现场化(领域化),它需要更为清晰的表意来提供一个解释

之场,也因而牺牲了意境的开放性。在现实逐渐变成增强现实和多重现实的当代,这将是一个设计发挥巨大作用的领域,也有着单一化、去场地化和美学化的危险,因而需要建筑师更为克制和审慎地运用日益强大的设计手段。⑭⑮

①   Manfredo Tafuri. Les 'muses inquiétantes' ou le dessin d'une génération de Maîtres [J]. L'Architecture d'Aujourd'hui, 1975(181): 14-33.

②   鲁安东. 考古建筑学——南京金陵美术馆设计 [J]. 时代建筑, 2014(1): 108-113.

③ Andong Lu. Narrative Space: a Theory of Narrative Environment and its Architecture [D]. PhD dissertation, University of Cambridge, 2009.

④ Tomkins Calvin. Cloisters .. The Cloisters .. The Cloisters[J]. The Metropolitan Museum of Art Bulletin,1970,28(7):308-320.

⑤ Kendall L. Walton. Mimesis as make-believe: on the foundations of the representational arts[M]. Cambridge: Harvard University Press, 1990.

⑥ Kendall L. Walton. Précis of mimesis as make-believe: on the foundations of the representational arts[J]. Philosophy and Phenomenological Research, 1991, 51(2):379-382.

⑦ Luigi Ficacci. Piranesi: The Complete Etchings[M]. Cologne: Taschen, 2016.

⑧ Tim Knox and Derry Moore. Sir John Soane's Museum[M]. London: Merrell, 2009.

⑨ Margaret Richardson, Maryanne Stevens. John Soane, Architect: Master of Space and Light[D]. Royal Academy Books, 2015.

⑩ Nicholas Olsberg. Carlo Scarpa, Architect: Intervening with History[J]. Canadian Centre For Architecture, 1999.

⑪ Kerstin Barndt. Working through Ruins: Berlin's NeuesMuseum [J]. The Germanic Review: Literature,Culture, Theory, 2011,86(4): 294-307.

⑫ Kerst in Barndt. Layers of Time: Industrial Ruins and Exhibitionary Temporalities [J]. PMLA, 2010, 125: 134-141.

⑬ Gordon Cullen. The concise townscape[M]. Architectural Press,1961.

⑭ 王辉. 工艺与异化：对工艺传统丢失的一种解读 [J]. 时代建筑, 2015(6): 10-15.

⑮ Bruner Jerome. The narrative construction of reality[J]. Critical Inquiry. 1991(18): 1-21.

关于五龙庙环境整治项目的几点讨论

吕

舟

最近山西芮城五龙庙（又称广仁王庙）的环境整治项目在建筑界和文物保护界引发了广泛的讨论。人们对这一项目结果表达了完全对立的观点。这本身就是一个很值得关注的现象。讨论中所涉及的社会参与文物保护、历史遗存和当代环境之间的关系等问题，也是今天中国文化遗产保护面临的具有普遍性的问题，值得进一步讨论。

讨论1：万科"龙·计划"对五龙庙所进行的环境整治是否选错了对象？

在建筑界、文物保护界都有人认为这一项目选错了场所，不应选择五龙庙这样的全国重点文物保护单位进行这样的整治。

这里需要注意两个问题。

首先，环境整治作为一种文物保护的措施，它针对的对象当然是像五龙庙这样的文物保护单位。"十一五"期间开始的山西南部早期木结构建筑保护重点项目，除了对文物建筑建筑本体进行保护维修之外，国家还专门投入大量经费，对所涉及的文物保护单位进行环境整治。

其次，万科作为企业，它捐助的经费是否能够用于五龙庙这样的全国重点文物保护单位的环境整治？在

* 此文曾发表于《世界建筑》杂志第313期，2016年7月刊。

© 吕舟在2016年北京国际设计周「有龙则灵」展场

鼓励社会各方面广泛参与文化遗产保护、让文化遗产活起来的今天，万科愿意在文物行政管理部门的监管下捐赠并参与五龙庙的环境整治，当然应当得到支持和鼓励，而且在项目运行过程中也的确得到了各级文物保护行政主管部门对设计方案的严格评估和热情支持。

讨论2：环境整治应恢复原有建筑格局，现在以墙体为主的设计手法是否与文物本体的历史风格相冲突？

用什么样的方式构建周边环境与文物本体之间的关系，这本身属于见仁见智的问题，答案不具有唯一性和排他性。在世界范围的实践中，两种方法都不乏成功和失败的案例。在中国或许是由于对当代设计缺乏信心，在环境整治项目中往往更多地强调采用仿古的所谓"协调"的方式来处理改善文物所在环境的问题，但这也造成了许多重要的文物建筑淹没在一群拙劣的仿古建筑中的现象。

环境整治，在强调恢复历史环境特征的同时，也遇到了与文物修复相同的问题，即修复的依据是什么，这种依据是否充分，历史环境是否真的能够修复？恢复的历史环境是否是真实的历史环境？今天越来越多的人已经能够理解所谓恢复到某个特定时代的历史环境，本质上仍然是今天的新建，并不具有希望恢复到的那个历史时期的环境的真实价值和属性。在这种情况下，选择更能体现当代观念和技术条件的设计手法来表达对于作为环境主体的文物建筑的尊重，是一种更为积极和真实的态度。保护历史并不意味着对现实的虚无。不尊重现实本身就是不尊重历史，对历史的模仿也并不意味着对历史的尊重。用反映当代技术、文化特征，又体现对文物的价值、尺度、形态尊重的设计，或许才能更好地体现今天人们对于历史、现实和未来正确的态度。从这个角度，"龙·计划"对五龙庙环境整治的做法总体上是恰当的。

讨论3：五龙庙环境整治项目设定的展陈内容是否合适？

一些意见认为，"龙·计划"对五龙庙环境整治后形成的新的展陈空间中侧重于中国古代建筑的展示内容与五龙庙不够契合，应当更多地表现与五龙庙相关的历史和传说。

展示本身具有多重可能性。"龙·计划"对五龙庙的环境整治为原本缺少展陈空间的五龙庙提供了展示相关历史文化的可能性，展陈的内容反映了人们对于对象相关价值的认识。五龙庙作为20世纪60年代山西省级文物保护单位和2001年全国重点文物保护单位，其宗教和民间祭祀活动早已不存。对五龙庙的历史和相关传说也存在许多需要进一步研究和确认的内容，在这种情况下，根据全国重点文物保护单位关于五龙庙的介绍中强调的五龙庙在建筑历史研究方面的价值来确定展陈内容，是比较恰当和稳妥的选择。

"龙·计划"为五龙庙环境整治提供了可能的展示空间和环境，为各种可能的展陈创造了条件，可以根据对五龙庙研究的情况，不断丰富和更新展示内容，使作为全国重点文物保护单位的五龙庙持续发挥积极的社会效益。

"龙·计划"对五龙庙环境整治是社会各方广泛合作的结果，这里有万科在文化遗产保护方面表达出的责任感，有设计部门URBANUS都市实践对改善五龙庙环境表现出的巨大热情，有文物保护专业机构清华大学建筑设计研究院建筑与文化遗产保护研究所的技术支持，有文物保护专家对环境整治方案的严格审查和积极建议，有国家文物局及省、市文物局的热情鼓励和支持，更有施工单位、材料供应单位的无私投入和赞助，村民对项目的积极参与，最终使五龙庙的环境整治工程得以完成，并得到了村民的喜爱，也得到了大多数到过现场的人们的积极肯定。

未来会有更多的企事业单位及个人投身到对文化遗产的保护当中。"龙·计划"对五龙庙环境整治是一个有益的社会参与文化遗产保护的探索，对这样的探索社会应当给予更多的关心和支持。

五龙庙环境整治设计的理论性思考

王
辉

＊此文曾发表于《世界建筑》杂志第313期，2016年7月刊。

五龙庙环境整治设计本是三年前凭情怀冲动应允万科高级副总裁丁长峰做的一个公益提案，在向当地政府汇报后已不了了之。未曾想这个虚构的项目在2015年竟鬼使神差地和万科的米兰世博馆发生了关联：借这个由里伯斯金设计的外表像披着"龙鳞"的前卫建筑，五龙庙这个中国现存的最早道教建筑、第二早的唐代木构有了重生的故事。这个故事不仅仅包含了企业化的目标管理机制，使这类国宝级文保项目能够奇迹般地在一年内完成立项、审批和施工工作，也包含了在全球化、互联网化的时代下民间力量参与文保工作的路径探索，更包含了一般建筑师涉入文保领域后因不谙熟专业禁忌而引发的学术问题。

位于山西省芮城县的五龙庙又名广仁王庙主殿，建于唐大和六年（832）。历史上，这个殿虽经数次维修，但其唐代结构基本未变。庙院里另一建筑是与主殿相对的清代戏台。庙院在6m来高的土坎之上，坎下原有景色如画的五龙泉，也因近年水位的下降而干涸。农业灌溉技术的改进、龙王庙祈雨文化的消失、乡村邻里中心的衰弱，都让五龙泉这一村民的精神中心沦落为村里的垃圾堆场。2013年末至2015年初，国家文物部门对五龙

庙及戏台进行了重新修复。文物本体的保护虽然提高了，但其环境并没有改观，甚至退化。随着农村生活水平的提高，周边农舍的无序翻建，倒逼五龙庙去产生一个更强大的气场，来抵制周边环境建设性的恶化，以及为这个历史村庄的发展引导出未来的方向。

由 URBANUS 都市实践领衔的环境整治公益设计，得到了历史保护专业、平面设计专业、景观设计专业等合作团队的大力支持，并和万科的实施团队共同努力，使这个千年古庙的文物本体在获得国家文保资金修葺之后，又获得了环境品质的改善，融入当下生活。完工后，原本无人问津的古庙吸引了络绎不绝的参观者。有意思的是，一般性的观众（从守庙人、村民到县领导）基本上都认同乃至赞赏环境整治的效果，而在文保专业的圈子里则听到一些质疑的声音。在建筑批评并不真诚的当今中国，有这样专业的质疑并不是坏事，也促使我对这类型的工作进行三个理论性的思辨。

主题 vs 主旨

五龙庙环境整治的一个成就是将一个孤立古庙转换为一座关于中国古代建筑的博物馆。这是五龙庙重新面向大众时的一个主题。这个主题的产生基于如下思考。

第一，芮城永乐宫以壁画出名，是各美术院校学习中国古代壁画的第一课堂。而五龙庙的价值在于其唐代木构，相比于南禅寺、佛光寺、天台庵，它的交通条件更利于作为研修唐构的第一课堂。将美术和建筑两个课堂合一，能够放大芮城县的文化旅游特色。

第二，五龙庙虽贵为国宝，但尺度小，庙院空阔，信息单薄，不足以让参观者消磨较长的驻留时间。而通过围绕五龙庙自身的木结构的信息延展，足以组织出和新的庙院空间相匹配的阅读时间，使这个项目获得新的亮点。

第三，作为一个几乎没有维护费用的乡间文保单位，维护室内的展陈空间是不可能的。这个短板反而激

发了开放的户外博物馆的概念，通过寓教于乐，让古建知识的阅读激发出空间的活力。

2015年6月8日，在万科世博馆举办的"龙·计划"发布会上，为了让外国人理解这个建筑的价值，我们把五龙庙放到西方建筑史的时间轴上，发现四个唐代古建遗存正好弥补了西欧在西罗马没落和加洛林王朝兴起之间建筑史的空白，这对于世界建筑史的连续性有很大的贡献。这个无意的发现也萌发了后来在五龙庙入口空间放置一条中国古代建筑史时间轴的构思，既放大了看待这个建筑的视角，也提升了乡亲们对传家宝的自豪感。顺着这种策展思路，五龙庙既是一个精读的读本（例如入口院的地面雕刻了一个含构件名称的五龙庙足尺纵剖面），又是一个链接相关古建信息的门户平台（对比四个唐代建筑足尺斗拱模型的斗拱院，和介绍运城、临汾地区第六批全国文保单位的晋南古建展廊），使乡间小庙变成古建学园。

这是一个值得探讨的主题性的变化。一种意见认为五龙庙更值得叙事的内容是民俗性的祈雨文化，这比起侧重于古建知识也有更广的阅读群。另一种意见认为整治后的五龙庙空间序列更像个博物馆，而弱化了传统的宗教礼仪序列。这两种意见质疑的是叙事主题的介入是否有损于五龙庙的文本价值。

这也是我们在设计过程中不但要思考、还要在一定的时间和能力框架下解决的问题。事实上，策展和展示内容准备也是我们不得不承担的工作。为准备五龙庙的展陈内容，我们在2015年的北京设计周做了个"龙·计划"的展览，借机开展有关龙文化的展陈准备。鉴于现实中资金和资源的局限，这个小测试否定了我们团队有条件、有能力来操作祈雨文化这个主题，迫使我们选取可操作的建筑主题。虽然这个主题靠近我们所学，但操作上也面临着巨大的挑战：观众可以看到的是为实现展陈品最终的完成度在设计和制作上所做出的付出，而不可见的是展陈内容的选取、收集、写作、绘制、校对等等事无巨细的过程。所幸在古建专家的指导下，

URBANUS都市实践和韩家英的平面设计团队完成了这个繁琐而艰巨的任务，使专业化的展陈带来了空间的活力，即使当地群众也能够在游览中津津有味地阅读和观赏。

五龙庙的文物价值点在于它是仅有的四个唐代木构之一，否则也不会被尊为国宝。放大这个价值点，把庙的主题引导到古建史，用这种"知识情境"替代其固有的"民俗情境"会引发质疑。回答这种质疑需要区分考古学者"解码者"的身份与建筑师的"编码者"身份的区别。

解析文本的历史性存在需要"解码者"，维护文本在当下和未来的继续存在则需要"编码者"。文物既是历史性的存在，也是当下性的存在，没有当下信息的介入，文物很容易失去生命。五龙庙已然从农村的邻里中心转换为国家级文保对象，它的功能也从农耕文明的祈雨场所转移为消费社会的旅游目的地。这些变化使"编码"在所难免。国家文物部门对庙的落架修复，即使是微介入的"修旧如旧"，也是一种编码，因为它或多或少隐去了岁月留痕。而我们的方案是在单调、单薄的原文本上植入了更多当下人能够介入的新信息，更是一种编码。这种植入虽然是从文本的"元"信息出发，但它已经演绎出更多元的结果，在丰富了原文本内容的同时，也增加了文本的含混性、多义性。这种编码有一定的危险，法国哲学家列斐伏尔曾提醒："不少优秀的设计者，在其职业的'实际经验'的这种讽刺性场景中，都没有正确地认识自己。……他是一个还原者，然而在设计者自己看来，他不是。……物体的符号，引发了符号的符号，引发了一种越来越高级的可视化。当那些无法回避的、被用来为空间'增加活力'的雕塑出现的时候，这种可视化就达到了极限。表现流动性和活动性的这些静止的符号，表现的是对流动性和活动性的一场符号性的谋杀。它们完成了编码和重新解码这一过程，并掩盖了它。它们应该被人们用来揭露和终结这样两个神话：再生产的表现和神奇的创造。"这个警告很适合于此案。

无疑，我们的环境整治是对原文本的再生产，不避讳要再谱写五龙庙在当下的传奇。作为建筑师，我也无法回避、甚至是主动挑战这种"编码者"的身份。面对列斐伏尔所警告的这种危险，一方面我们所能做的是让新的信息（包括空间和空间叙事）与文物本体保持必然的关联性（例如对庙轴线的放大，对五龙庙建筑信息的延展），保持文物本体的核心性加强，而不是被稀释；另一方面，这种再创造的主题是为了实现设计主旨的手段，而不是主旨本身，即用空间体验的明线激活工作目标的暗线：明线是以五龙庙为主体、围绕这个历史文本展开的一系列有层次的空间序列，并植入相关展陈，从而使观者能够更好地欣赏、阅读、理解文物，并由此获得在古代文物环境下别样的身心体验和愉悦；暗线则是通过提升五龙庙的环境品质和重新解读五龙庙，加强了这一场所的凝聚力和活力，使村民重新在这一世代相传的公共空间聚集、交流，为当下农村精神价值的重塑创造出契机。

存在 vs 存在感

1965年五龙庙被立为山西省重点文物保护单位，2001年又被国务院批准列入第五批全国重点文物保护单位名单。无论如何"编码"，文物本体信息也不可能被淹没或改变，文物存在的安全性是没有问题的（这次整治工程的技术性成就是增加了消防系统和监控系统），有问题的是它的存在感。

五龙庙位于数百米之隔的永乐宫和古魏城墙这两处全国文保单位之间，并不难寻找。然而沿着永乐宫外墙来找，即使对于我这样已来过数次的外来人而言，也经常错过没有标志的村口。五龙庙所在的城南村有数条水泥道路垂直通向此马路，唯独庙前的这条村路还是土路。即使找到正确的路口往里前行，也会对在这样全新的村里看到一个千年遗存心生狐疑。当走过村巷最后一家高墙大院的农舍，一片堆满垃圾的开阔地跃然眼

前，垃圾的背景是高台之上的戏台，和高坎之上半露出
的五龙庙屋顶。一条土坡路引到戏台东侧铁丝网上的
披门，锁着的门上留着守庙人的电话。如果等不及，也
可以扒开铁丝网钻进空荡荡的庙院。从这里往南看，高
踞土坎之上的庙正好位于贯穿村子南北道路的尽端，而
邻近庙近百米的这一段路，水泥地又变成土路。从地理
位置上看，庙既是村子的绝对中心和制高点，也是村里
的中央景观。按庙里现存的唐碑《广仁王龙泉之记》描
述，庙前的五龙泉"菰蒲殖焉，鱼鳖生焉，古木骈罗"；而
守庙人也说几十年前有水时，随手能捉到鳖。而眼前的

景象是对这种优越的环境和位置的颠覆，一个曾经的乡
村日常生活中心彻底被边缘化了。

　　这种被边缘化的核心问题是五龙庙的存在没有存
在感。在存在问题上，海德格尔提出了"此在"的概念：
"此在是这样一种存在者：它在其存在中有所领会地对
这一存在有所作为。"这句貌似很晦涩的话可以用两个
简单的疑问来理解：第一，任何存在都是在一个实在的
外部环境之中，而假如这种存在与其环境的关系是冷漠
无觉的，这种存在还有意义吗？第二，任何存在都有一
种有作为的冲动，而假如这种存在已经没有任何可为的
功能，这种存在还有意义吗？

　　这并不是很高深的哲学问题，而是非常现实的提
问。我们所面对的文保对象，几乎都是源于实用的目
的，但随着它的文化艺术价值远远高于其日常功能，它
会逐渐从日常生活中被剥离出，成为另一种被孤立起来
的存在。当这种存在能够被更好的物质条件供养时，
它会熠熠闪光；而它有名无实地被供奉时，则会一落千
丈。遗憾的是五龙庙的命运恰恰是后者，当现代气象预
报替代了从龙王爷那里祈福，当现代灌溉技术替代了自
然水源，当现代生产枯竭了自然资源，五龙庙和五龙泉
都淡出了村民生活。而当村民把祖上的圣地当作垃圾
场的那一刹那，村民的当下生活也淡出了他们的传统生
活。可怕的是这种淡出剥夺了村民的存在感。不难设
想，这一届农民的主要身份是城市化过程中流浪在城市

的打工者，唯一让他们能够感到安全的地方是家乡的村
庄。而他们在城市里获得的微利在把自家的瓦房变成
混凝土砖房的同时，他们对村里公共精神场所的漠然乃
至破坏，却又在建设性地毁灭唯一能够安抚自己的遮蔽
所（shelter），使他们在自己的故土上成为没有根的自我
流放者，丧失了存在感。这并不是危言耸听。当我们作
为外来的奉献者来为村民的精神家园进行公益建设时，
一方面既感动于两位十年如一日无私地与庙厮守的看
门老人，另一方面也不解于少数村民的借机渔利。可以
看到中国传统乡绅体系崩溃后，农村的确需要精神体系
的重新树立，也需要这种精神体系基于有精神传统的建
筑空间和场所来建构。因此，任何让五龙庙有更好的存
在方式的努力，都是力图使其获得在村民生活中的存在
感；反之，也希冀通过五龙庙的存在感使村民在社会大
潮的变化之中有锚固点，有自己的存在和存在感。

　　在这种努力之中，一些非空间性的"编码"也在继续
植入，既让五龙庙的存在感有更深刻的意义，也让它的
存在永续。例如，我们邀请中信出版集团加入"龙·计
划"，他们捐建了"中信书院"，这个小小的图书室以少儿
书、励志书为主，希望村里的孩子们在课余时间能聚在
五龙庙，帮助看守祖传的传家宝，并在这里读到大千世
界的精彩。当未来他们从小小的五龙庙走向广阔世界
时，也会为五龙庙带回可持续生存的资源，让这个国宝
更好地一代代传递下去。

当下性 vs 原真性

正如上文中"解码者"和"编码者"角度的不同,我们的工作不是考古还原,而是为了让在现实中已然没落的文物本体重新活跃在日常生活,对文物所处的环境有一定程度的介入性改变,或曰"编码"。因而会面临着关于环境的"原真性"的问题,即文物环境是与文物不可分割的一体,对其本体周边环境的改变,是否是一种可取的文物保护态度。

《威尼斯宪章》强调"历史文物建筑的概念,不仅包含个别的建筑作品,而且包含能够见证某种文明、某种有意义的发展或某种历史事件的城市或乡村环境"。自从这个宪章被推广以来,最少干预文物所处的环境是遗产保护的普遍共识。整个五龙庙的环境整治设计过程经历了近10版的修改,也是在不断地减少不必要的干预,使五龙庙尽可能处于环境的真实性和完整性之中。

但保持"原真性"在操作层面上存在着悖论,因为即使在挖了考古探沟后,我们也无从判断围绕五龙庙环境的原始状态。现有庙院空间的空荡状态完全是五龙庙申请文物保护单位后才产生的,而此前五龙庙被用作小学,西侧还有一排教室,可以设想整个庙是处于一个更有机的生活环境中。同样,作为一个供奉龙王而不是有僧侣常驻的村庙,没有必要与村落用围墙相隔,围墙范围也是在划定文保范围后才落定(此次整治又扩大了围墙范围),现有围墙是当地村民为保护文物而后砌的。因此,并没有可靠的依据来推断五龙庙所处的历史环境的模样。

在批评声中比较一致的是对环境整治后铺装材料的不认同,有的是从美学角度倾向于荒地,有的是从技术角度倾向于使用砂土,这样似乎更有一种历史的存在感。事实上,我非常认同这种美学上拉斯金(John Ruskin)式的怀旧,但并不认同沧桑感就是一种原真,因为这个庙能够跨越千年存在,就是因为香火不断,一直活跃,破旧感只是近期的状态。原本庙院地面也未必是完全的黄土朝天,因为有(20世纪80年代后)彩色照片为证的

资料是庙院一度被用于种菜;另一种可能是野草遍地,而之所以整治前是黄土朝天,是因为枯草在冬天有引发火灾的隐患,除草变成文保的一种规定。当地的黄土貌似坚硬,而一旦下雨则软若烂泥,即使在我们用碎石与土混合夯过基层的铺石子的地方,雨后也有不少陷脚之处。因此铺装材料的选择完全依据使用功能。在戏台前和主殿后碑墙区人流密集的地方采用了硬质石材,利于行走;而在其他地方则用碎石,一方面可在雨季步行,另一方面希望行人能在人迹稀少的安静环境中通过听到自己的脚步声而感觉到自己的存在,从而有一种更好的在心灵上与古庙对话的意境。

在实际操作中,材料选取的范围也会受条件所限。例如用自然石块铺地会更有乡土意味,但当施工队去当地山涧边取石,发现有几百米的距离无法使用任何运输工具时,这种努力只能流产,转而去山东矿山订购更便宜的材料。我们唯一能努力的是让工业加工过的材料在质感、尺寸、铺装上更有些非一般性"景观设计"的味道。

这种文物环境材料改变所带来的非原真性,并没有根本性地贬损文物的价值点。比之于本体文物上唐代大木作与其他后世更换的、不原真的建筑维护构件所带来的不和谐感,这种非历史"画境"的处理也至多是小巫见大巫。设计对原真性问题考虑更多的是如何润物细无声地微调文物主体和其环境的空间关系,例如,主殿和戏台之间通过压缩东西厢院墙的距离而获得更好的尺度关系;南侧广场路边通过拆掉一处房子而获得向田野敞开的视廊;北侧通过观景台看到中条山和古魏城墙遗址;用种植从临近黄河边采集的芦苇来勾画无水的五龙泉。这些处理在视觉上让五龙庙能更好地锚固在一个开放的环境中,让它的能量辐射半径更大。

设计中考虑更多的是如何在当下语境中活化文物。一件国宝的可持续生存,不是一座偏僻的乡村所能孤立地支撑的,需要用旅游业来支撑,需要特殊的文物表现方式(presentation)。

不同于那种用历史感来突出文物的所谓"原真性"处理,设计中是使用礼仪化的空间序列来突出文物的崇高感。坦诚而言,这种空间序列也不是参考原真的祭祀礼拜线路,而是符合对这个场所重新编码的当下空间叙事。这种叙事首先还原的是对文物的敬重,从而唤醒在礼教社会下连穷乡僻壤都不缺失、在今天高度物质文明条件下却丢失了的邻里文化和民俗文化,并让这种文化融入当今空心化的乡村日常生活。

这个村有这个庙是一种庆幸,让庙回归村子的日常生活,是对充满问题的当下农村的一种救赎。创造有精神性的公共场所是重塑乡村精神支柱的必要条件。精神问题永远是时代的问题,因而这种创造必然立足于当下,但这并不与保留场所原真性的理念冲突。在讨论原真性的核心问题是什么时,佐金在《裸城:原真性城市场所的生与死》中提到,"原真性并非苏荷区舞台布景般的历史建筑,或者是时代广场的灯光秀;它是一种生活和工作的连续过程,是一种日常体验的逐步积累,一种人们对眼前房子、身边社区每天依然如故的期待。当这种连续性中断,城市就失去了灵魂。"只有让日常生活连续不断地介入五龙庙,只有让五龙庙的存在对于村里人来说是灵魂性的存在,它才具有原真性。

结语

在中国文物建筑保护和再利用手法相对保守的语境下,这个本质上并不激进的设计所带来的理论性争论,具有比设计本身更大的价值。一个文物能够挺过千年风霜,在于文物与人的关系相对稳定。而这种稳定在近半个世纪受到现代性的巨大挑战。五龙庙是个典型的案例,说明了当文物生存的社会关系和生产关系前提荡然无存时,即使尊为国宝也命如危卵。解救的途径是重新编码,让其在新的语境前提下继续在日常生活中被使用,从而延续文物的活力。

文物的存在感和文物所涉及的社群的存在感的同步,是评价设计是否成立的标准。在这个意义上,五龙庙重新回到中龙泉村的怀抱,中龙泉村民也重新回到五龙庙的怀抱,是"龙·计划"所期待的图景。施工完成只是这个图景实现了关键性的一步,"龙·计划"还需要继续。

建筑遗产的「死」与「生」

五龙庙环境整治工程专家研讨会

＊此文曾发表于《建筑学报》杂志第 575 期，2016 年 8 月刊。

2016 年，位于山西芮城县的五龙庙环境整治工程（以下称"五龙庙"）落成，由于其"是一次国家专项资金与社会资金合作，是在互联网平台上推广，更是嫁接在世博会的国际平台上宣传中国文物和文保的新尝试"等背景，一经落成便受到了各方"热议"。2016 年 6 月 4 日，由《建筑学报》和 URBANUS 都市实践联合主办的"五龙庙环境整治工程专家研讨会"在山西芮城县中龙泉村举办，众多业内人士分批参观了现场，并分别在这座古老庙宇所属的大戏台空间内进行了交流研讨。

丁长峰

五龙庙环境整治工程发端于2012年的春天,历时4年,2016年5月14日上午竣工,之后,新的五龙庙博物馆就妥善移交给芮城县旅游文物局。

万科集团作为这项计划的发起人、捐赠者和建设方,在4年的时间里跟大家一起参与其中,我们深感荣幸,我有如下几点体会。

第一,这项工程是我国古建文物保护史上一次大胆的探索与创新,政府、企业、乡村和个人,甚至包括意大利等国际综合力量都共同参与协作。过程中,运用了互联网、社交媒体、众筹等一系列新的方法筹集资金,并推动了这项工程顺利实施。万科在项目实施中运用了流程化的现代项目管理方法,所以仅用了约10个月建设周期。

第二,这是一个非常典型的期望将"死文物"变成"活文物","死保"变"活保"的过程,我们相信这对于未来山西省文物活化的过程具有重要的参考意义。过程中,我们跟山西省、市、县各级文物当局一起,对文物的主体五龙庙进行了非常好的保护,环境整治工程完工后,五龙庙的重新开放给中龙泉村带来了旅游参观人群,经济收入增加。整个过程代表了今天向服务业经济转型的大方向,特别是进入"新常态"之后,大力发展旅游业、服务业等第三产业,对于传统的农村,无疑是一个新的经济增长模式。

第三,跟其他古建保护不太一样,我们更愿意将现在的五龙庙称为"五龙庙博物馆"。在这个项目中,我们采用了现代博物馆、美术馆的运作手法,跟文物古建保护结合,创造了大量的回游、展示、远眺、思考和冥想等全新的空间体验,可以总结为四个字——"游、学、思、乐"。五龙庙荒废多年,当年滋养一方的五龙泉周边更是成了垃圾场。通过环境整治,我们把村民广场重建后还给中龙泉村村民,重新成为村民集会、休憩和交流的中心,极具"乡村场所感"。

第四,这是一个跟2015米兰世博会相关的工程,世博会只有短短半年时间,但我们希望通过后世博遗产计划——"龙·计划",使其在这座唐代古庙内得到延续,薪火相传,生生不息。

我们相信上面所谈到的价值和意义,在五龙庙环境整治工程移交和开放后,随着历史的推移,将逐渐被社会所了解、领会和认同。

吕舟

最近几年从文物保护的角度也一直在强调社会参与的问题,企业投入到文物保护当中去,愿意做公益是特别好的一件事,建筑师也是投入大量精力,非常积极地做这件事。

这个工程是环境整治,不涉及文物本体。环境整治也是文物保护的重

要措施,对文物会有很大的影响。设计方做了几轮方案,过程当中反复修改,最后评审又经过两轮,得到了国家文物局的批复,这是很顺利了。所以从这个角度,省文物局和国家文物局都是很支持这个事的,才有现在的成果。

环境整治完成以后,有人提出不同的意见,一是为什么选这里,为什么要在这里做一个古建博物馆,想做可以到别的地方去做;另一个是在古建筑周围做了很多现代的东西,很"高大上",是否破坏了原来的历史格局。这些问题也是这个项目必须回答的问题,为什么要选择这样的一种形式?为什么要把空间这样去做?为什么把门口设计成这样?为什么要做两组小房子?小房子位置为什么这样?它会生出一系列的问题来讨论。我很愿意谈谈这些问题,因为在过程当中我已经和投资方万科的侯正华、建筑师王辉反复讨论过了,已经解决了。但我也很愿意和大家一起再来讨论这件事。

五龙庙的大殿和戏台都已经过保护修缮,但村民并没有对它表现出应有的尊重,这可能有很多原因。现在的环境整治,再现了一个良好的环境,衬托出了五龙庙大殿、戏台,让大家感受它的历史、感受它的神圣,使它重获尊严,这正是这个项目非常有价值的地方。刚才,我看着一位老先生被一个女孩儿搀扶着,拄着拐棍,蹒跚地一步一步爬上这高高的台阶,再从大殿里走下来,在大殿前拍照留念。人们愿意重新来这儿,觉得这儿是一个好地方,不论是抱着孩子或是步履蹒跚,都愿意来,这是最有价值、值得高兴的地方。

做方案的时候,考虑了相关法律法规的规定,如不允许在保护范围内建任何与文物保护无关的东西。在设计过程中特别邀请了当地考古部门对院子做了勘探,寻找原有庙宇格局可能的痕迹,结果没有找到任何遗存,那么在这种情况下,设计依据了已经公布的保护范围的边界来处理。国家文物局最能后批准这个项目,也是因为专家认同了这样的设计原则。

这么多本地人、县城的人来到这儿,喜欢这儿,就是因为大家觉得这个地方有意思,觉得这个庙很好。这使五龙庙再次成为一个社会公共活动的中心,再次让人们关心、尊敬这里的古代建筑,这也是五龙庙应当发挥的社会价值。从这个角度,这次环境整治就是成功的,值得赞赏的。

李兴钢 | 今天我从建筑师的角度来谈一点儿我的认识。

首先,还是应该对万科、清华、都市实践做的这件事情,表示敬意和感谢。他们的工作体现出企业、教育机构以及建筑师对文物保护、当代生活及建设等这类议题的社会责任,而且也不回避因为做这件事情引起的讨论、关注甚至争议。因为即使是争议,也可以让大家对这样一件事情不再像以前

那样文物界和建筑设计界各说各话的状态，而是能够真的让大家聚焦于此，不得不去直面这个问题。五龙庙项目过后，如果再有一个类似的项目，不论是哪一方的当事人，都会因为五龙庙的讨论而得到很多有益的经验、教训和借鉴，它提供了很好的观察和受启发的机会。

第二点感触是我觉得"龙·计划"团队的工作，在几个方面还是非常成功的。一是帮助五龙庙找回它作为唐代遗构应有的尊严，同时为村民创造了一个公共空间。即使将来这个院落本身是被管控的，但它前面的广场序列也可以成为村民日常生活中可以享用的公共空间，而不再是一个消极空间。二是从文保单位融入当下日常生活这个角度做了非常有益的探索。团队不只按照既定的目标对五龙庙的环境进行"整治"，实际上为更广大的社会层面提供了一个民间的公共博物馆，这个有游园性质的室外博物馆，达到了一种超越简单的"环境整治"、超越景观设计的状态。三是从设计角度来看，博物馆的空间流线、人们进入和体验的完整过程，都很成功，特别是一些设计的细节以及施工完成度等，没想到短短的几个月时间内能做到这样的品质。

第三点，从我个人来讲，很不习惯去评论其他建筑师的作品，因为每个人都有自己的思考角度，建筑师很难处在一个中立的立场去评价别人，但是我愿意想象假如我是设计者的话，需要考虑的一些点，那么可能有这样三个方面：

第一个方面，是场所感的把握。我们能看出来这里是村庄、周围是田野，还有古城的遗迹、远处的山峦等，借助原来的照片我们还能想象到这个场所以前的状态，当我们把那些"垃圾成堆"的内容过滤掉，把环境的积极方面想象回来时，我感觉这个空间可能还需要延续一些作为乡野的场所感，这种乡野的感觉，在现在这个空间里可能有些被削弱了，比如如果那片石子地换成一片土地的话，那种有一点荒凉，村庄、田野的场所感可能更能够延续出来。

第二个方面是时间感。对于一个历史性的空间来讲，时间感的提示可能会更为重要。五龙庙本身的修缮已经使它丧失了很多时间感，那种时间的痕迹，是硬生生的时间累积而成的。在现在这个空间环境里，时间感似乎也被损失掉了一部分。王辉保留的那些树，就是属于代表时间感的一部分，但是如果还能保留有其他更多，比如断墙残壁、前边的废弃窑洞、登上庙台的土坡等，就像龙泉泉眼那部分保留修整的土地残墙一样，堆了垃圾把它清除掉就好，原始的那些痕迹如果能更多地被保留，时间感的呈现会更好。

第三个方面是尺度感。我刚才和王辉交流的时候也提到，他特别强调从那条东边夹道走过来看到五龙庙东山墙的那个入口处，这是他刻意营造

的,从草图到最后实现、从拍照的日景到夜景都很强调这个。我在网上看到这组图片的时候,就稍微感觉到一点不很舒服,觉得五龙庙好像很委屈,被夹在两片墙之间,现场感觉也是这样。如果这两道墙矮一点,能把五龙庙托起来,感觉会更好。因为五龙庙的墙体本身不是很高,现在的墙跟它对比之后会显得五龙庙的尺度小了。当然我觉得王辉选择的这种黄土色预制板墙,总体还是很好的,只是围墙的尺度和五龙庙的尺度如果更细微地匹配一些会更好,不一定全是同一个高度。还有,或许不从这条正对五龙庙山墙的甬道进入,而是从一个角(比如原来场地格局中的东南角)进来,曲折行进之后从斜向透视的角度看到这个场地与五龙庙,也许会更好。

最后我想说的一点是,在现在这个场地里我最感动的一处空间,或者说最能够让我找到五龙庙这个空间存在感的场所,就是背后上去的北面那个台子,从那里眺望矮墙外面的田野、远山和被展牌提示和想象的古城遗址。这个场所点能够把历史与当下、遗迹与现代、人的行为与情怀,聚合在一起。这当然也正是建筑师精心营造的一处动人空间。

庄惟敏

我就从一位体验者的角度来谈一谈。首先,我对这样一个善举表示敬佩。文物给我们的感觉是离老百姓很远,文保的任务就是把它保护下来,但很多时候这种文物保护的目的和意义却似乎没有体现。从五龙庙这个项目中我看到了作为建筑师的责任,建筑师王辉通过这个项目把文物保护带给社会的意义表达出来了,这件事意义很大,本身具有示范性。

现在五龙庙在我面前呈现出的是这样一种场景,这种场景不是把建筑孤立地保留下来,只体现它的本真,而是让所有的民众都能参与到里面去,这是一种公共参与的场景,我觉得它意义更加重大。如同在意大利、在梵蒂冈,那么多的历史遗迹,人们在里面来来去去,体验、学习,我认为这个意义要远远大于仅把它们完好地保存下来。清华大学建筑设计研究院配合王辉建筑师,作为技术设计参与其中,也是我们为此所做的一点贡献。以后我们也会持续做这样的事情。

每个建筑师都有自己的立场,我认为这种讨论还是要分出层次来。对于建筑的处理手法和对建筑本身的理解是一个层面,但对于文物保护要不要做这件事情,要不要这样来做,我觉得这是另一个更大层面的讨论,我认为这是建筑师一次非常好的思考和实践。

从建筑师的角度我想提的意见只有一点:既然出发点是一个希冀民众参与的文物保护设计项目,我觉得还是可以更好地发动村民来一起参与,比如说某一段墙或者某一个构造做法,是不是可以真的用夯土墙来打,由村民们自己来参与建造,用传统的、习惯的建构方式。其实真正打动我的材料就是那几孔窑洞的拱券部分,我觉得特别美。王辉也给了一个理由,他说有的地方比如大跨度的拱、大跨度的窗景洞口,必须采用石材挂板,一是大跨度结构构造使然,另一方面,挂板可以有一种还原性,挂板拆了以后能够回到先前的状态,这个理由我觉得也能接受。

陈薇

我是在微信上看到五龙庙环境改造的介绍和照片的,看到之后我就转发到我工作室群里了,我对弟子说:"建筑师非常敏感,已经介入我们文物保护的领域了,思路不太一样。"因此我十分好奇,这次有机会来学习交流一下,非常感谢。对于这件事情,项目的操作与运作,建筑师的投入和切入,我非常赞赏,也是对我们从事文物保护的工作者的一个触动,这工作本身值得我们借鉴,对此勿需我多言。

首先,我补充一下对于刚才吕老师、庄老师关于文物保护范围划线问题的想法。在以往对于保护单位开展保护规划的工作中,我是经常划线的,今天看了现场后,如果让我来划保护范围的话,那肯定不光是五龙庙这个唐代建筑,可能是这个山头。五龙庙以前是有活动的,我们所在的戏台是演戏的地方,它周边一定会有一些观看演出的场地,不然这组建筑和场所就发挥不了作用。我们现在所坐的戏台,它与庙之间构成的空间关系,可能是我划线会考虑的重要功能问题。或者反过来说,如果从这种社会功能角度出发,我们所谓的划线应该包括建筑和历史环境。我们划线的目的是要体现它具有的价值,我想这组建筑群的价值,最重要的就是比较早的地方性的神庙,这是很难得的。我们看到留存下来比较早的木构建筑都是佛教寺庙,作为一个地方性的神庙,如果能够追溯到那么久远的话,我觉得在这一点上的价值还要多挖掘一些。

其次,现在来看好像从建筑学角度展现五龙庙的成分比较多些——唐代的建筑样式、斗栱构件等,我觉得应该不只是把它作为一个建筑学的唐代建筑,可能从它的文化意义、包括从这个区域的活动进行展开,有一个功能上的定位会比较好。目前五龙庙周边是建筑博物馆的性质,我觉得如果要深挖一下,如"龙"文化或者是祭龙这种民俗活动,可能会使得这个场所感更鲜活一点。从建筑学的角度,这个项目是做得挺好的,我是从文物的角度或者从遗产价值传承的认识提的。就这么一点建议。

刘
涤
宇

我很赞赏建筑师让文物介入日常生活的初心，以及作为优秀的执业建筑师对项目的把控能力和相对不错的完成度。

这个项目是文物建筑的环境景观整理工程，其核心是发掘文物建筑的价值，并通过对环境的整理，让这些价值能够更加清晰完整地呈现出来，被更多人理解。涉及到价值判断，不可避免存在主观的成分，对价值的呈现也肯定有见仁见智之处。但任何一个文物主体，都有多重的解读可能，也都有多重的价值维度，较多干预有可能在强化大家公认的价值的同时，损害到主体一些没有被认识到或发掘出来的潜在价值。所以，对这类工程充分谨慎是必要的，并不都来自应该被克服的保守力量。

关于五龙庙的价值，最重要的一点大家都认可，那就是作为目前中国大地上硕果仅存的几个唐代木构之一的价值。王辉老师设计的基本出发点是围绕这个进行的。为此塑造了一个以强烈轴线对景为基础的纪念性空间序列，并将唐代建筑的相关知识在此作了介绍。

第二个价值陈薇老师刚才提到了，这里是地方信仰活动的一个重要场所。土岗上一个规模不大的龙王庙建筑，对面是一个戏台，在与龙王信仰相关的重大节日，戏台唱着戏，当地人在戏台和建筑间的院落里聚集。而现在的设计弱化了这个方面——我们从正对五龙庙山墙的横轴线进入这里，院落和戏台在整个空间序列中变得次要了很多。本来在中国传统建筑中并不强调横轴线，况且正对轴线的纪念性对景属于西方文艺复兴以来的空间塑造方式。为了强化纪念性而削弱民俗场所感，得失如何，可以见仁见智。

第三个价值是它本身的地形地貌与建筑结合在一起，所呈现出来的地景审美价值。我不否认，原来堆着的垃圾彻底毁掉了原有地形地貌的观感。不过如果忽视那些很容易清理的垃圾，就会发现原来的地景未必都是消极的，其中黄土地貌很多丰富且微妙的变化相当有趣。当然，是否把它抹平无关于文保的法律法规问题，尤其现在的设计还在很大程度上具有可逆性。只是我觉得遗憾的是，现在呈现出的铺装方式和空间尺度更像是对都市广场或公园的移植，如果如李兴钢所说，更多体会到并有意识地强化乡野本身的一些特征的话，工程呈现出的面貌也会由于扎根于当地而具有其独特性。当然，这方面，现在的设计也有可取之处，比如打通了南向的视野，并将场地与北面广阔地景中的古魏城和中条山建立了联系等。

刘克成

五龙庙是一个非常特别而有趣的项目。首先其操作主体并非政府，而是一个企业，使其建设过程有别于常规文保项目，有了别开生面的诉求和新意。其次，项目落在中国最不起眼的行政单位"村"上，群龙聚会，小题大做，"螺蛳壳里做道场"，把一个不起眼的小项目做得风生水起。最后也是最有趣的，是项目找到了一个"不太懂"文物保护的好建筑师。

我一直以为最好的设计是心意呈现。王辉是当今中国不可多得的一位极具责任心并具备很高职业素质的建筑师，从无偿介入，到一次次修改设计，再到现场服务，王辉义无反顾，不辞辛劳，付出了大量心血。考察项目现场，从整体到局部，其精细度及完成度令人赞叹，建筑师所付出的劳动远远大于今天我们看到的绝大多数项目，这是这个项目获得村民喜爱以及社会广泛赞誉的主要原因。

项目特别有趣之处在于王辉并没将五龙庙项目作为一个文物保护项目来做，而是一个研究地形、树木、景观、村落和现有建筑关系的现代设计。五龙庙当然居于设计的中心地位，但更像一个素材、一个景观或一个展品，整个设计围绕着五龙庙，设置了一系列复杂的墙体、院落和道路，引导人们逐步靠近并进入五龙庙。整个过程迂回婉转，跌宕起伏，趣味横生，体验过程完全不同于传统庙观的常规院落空间序列。

比如五龙庙入口，设计师有意识地把入口拉到一边，从次院进入，正对主庙的山墙头。这是建筑师很在意的一笔，王辉曾多次展示过这个位置不同天气的照片以及速写。没有哪个传统庙观选择这个角度进入。

设计师对五龙庙边缘的着力强度也胜于中心。当我面对五龙庙山墙，从东侧进入主院落之时，心理感觉停顿了一下，似乎直奔五龙庙不对，最吸引我的是戏台。看完戏台依然没有要去五龙庙的意识，我又走向了院落西侧，然后是北侧、东侧。这个场地的边缘有一种吸引力，吸引着人沿边缘走，边缘是项目中最精彩的部分。这个感觉跟我进所有的庙观的感觉都不一样，很特别。甚至当把所有的空间都走完了，我仍然没有去看那个主殿的欲望，我是自己说服自己去看的。

这是典型的现代建筑的手法，也是古典园林手法，设计师将场地的诸多物资要素做一个有趣味的串联，起承转合，这使其超越了今天我们习以为常的各种各样的庙观，有了全新的体验。

但是五龙庙毕竟是五龙庙，它是一个有深厚文化内涵的乡村精神建筑场所。五龙庙属于道教一支，为农耕社会祈天求雨，保佑五谷丰登，天、地、人交汇，人神对话之地。五龙庙居于村与田地之间，龙代表天，为司水之神。潭为龙之居所，村为人之居所，田为人赖以生养的根本，潭为田得以滋养的

源泉，庙为人敬奉龙之祭台。"村—潭—庙—田"之间的关系为这个项目最重要的关系：村依潭而筑，同根同井，守望相助；田环水而耕，随四季收获；庙依潭而建，敬天逢地，人神交互。通过庙，天、地、人完成沟通，达到和谐，实现风调雨顺、五谷丰登的愿望。五龙庙产生并存在的意义在于它表达了人对自然的敬畏，村民通过年复一年的活动仪式，塑造了一种共同价值观，强化了同根同井、守望相助的集体意识，以最朴素的方式诠释了中国传统社会天、地、人三才合一的特征。虽然五龙庙的祭祀功能已不复存在，但这种价值观今天依然有重要意义，建筑师应当重视、尊重并强化这一价值观。

目前的方案对于天、地、人的关系重视不够，潭及土地有些被边缘化。因此，如果对这个项目有点建议的话，我希望王辉能进一步强化庙与潭、田、村的联系，将潭与田放在更高的地位。将庙的轴线延伸至潭，在潭的南端形成第一祭拜空间。人流从村子出来，先拜潭（拜天），再由东面上坡进入东院，围绕着庙顺时针行走，到达北侧。将北侧面对田地的台扩展为一个坛，祭拜土地。然后绕到西墙，进入历史空间，阅读五龙庙及村庄的历史。最后从西南角进入中心庭院，拜见五龙庙。项目在空间序列上应该有三个重点：潭（对应天）、坛（对应地）和庙，行走路线必须清晰并有足够的长度，这样也许能让村民及参观者产生足够的仪式感。

希望项目有二期，希望万科和王辉能把这个项目做成一个精品。

周畅

我的第一个体会是五龙庙项目的创作特点是在环境处理和空间的营造上：

首先是挖掘环境、修复环境。原本的环境很差，水源已经干涸，龙泉已经变成了垃圾场。设计时首先对环境进行了修复，使龙泉和大殿相映成辉，创造了一个很好的空间环境。其次是对环境的再利用，给我很深的印象，就是建筑师在尊重环境的基础上挖掘环境资源，对环境进行了整合和再造。第三是创造一个新的环境，是从大的环境出发，全面地考虑问题，而不是简单地搞一个小房子。建筑师所做的工作是新的空间环境的营造，绝不是古建房修公司做的那种专业性很强的单纯古建筑工程的修复。

在空间的整合上，把原本破旧散落的东西整合在一起，包括围墙、龙泉、窑洞，以及作为空间主角的大殿和戏台。这些元素原来是不完整的、碎片化的，但是建筑师的精心设计把它们重新整合起来，使之更加系统和完整。在空间的营造上，通过对景、围合、框景等传统手法，使空间的视觉感受更加丰富多彩。通过树木的保留、再植，以及道路的曲折变化，使原来一眼望穿的单调空间变得更加有趣味,使人产生很多联想。在大殿后面新加了一处瞭望台,凭台眺望,还能看到远处的中条山和古魏国城墙,这两处都是很有历史价值的文化资源。通过这个环境整治工程,又把空间向外延伸了。

另一个体会是建筑师在创作手法上以对传统的敬畏和尊重进行创新。这种敬畏让建筑师在面对传统的态度上比较谨慎和严肃,对传统文化没有敬畏之心是不行的。敬畏和尊重还体现在创新意识上,这个工程在投资方式上、企业参与上、建筑手法上做了很多探索,这种探索过去做得不多,是一次全新的实践。当前党和国家大力提倡创新意识,我觉得创新意识应该是建筑师和全行业永远要追求的东西。五龙庙环境整治项目虽然不大,但设计师却下了很大力气进行古建修复和改造方面的新的尝试。这种尝试可能还不能尽如人意,在学术上还有可商榷之处,但社会上应该营造鼓励学术研讨的宽容的学术氛围,这在一定程度上也是这次会议的一个收获。

黄居正

原真性一直是文化遗产保护的第一原则,但原则总是抽象的,当面对具体案例时,如何界定保护对象的原真性,往往要比一条单纯的原则复杂得多。都市实践参与的山西芮城县五龙庙整治计划,对环绕这座唐代遗构的周遭场地做了颇为大胆激进的景观设计,可以想象,这样"大"的动作,难免会让一些人大跌眼镜,似乎粗暴地违背了文化遗产保护的基本原则,因为保护对象所在的场地同样属于"原真性"的一部分。可是,五龙庙周围场地的"原真性"究竟是何模样?哪个年代、哪个时期的场地才具有真正意义上的"原真性"?经历千年的沧桑变迁,尤其是最近几十年乡村生活方式的剧变,加之祀神求雨的功能早已不存,在整治前,五龙庙周围的场地垃圾遍地、混乱不堪,此时,建筑师能否介入,有没有权利赋予它我们这一时代的文化特征?在这一不可复制的特殊案例中,我认为答案是肯定的。当然,具体的设计手法仍有可商榷的余地,比如:原来的入口台阶和空间序列能否清晰地保留,表达出历史的痕迹;五龙庙与古魏国城墙之间那条轴线能否更为开放,让田野进入到场地之中,如此,这一农耕时代的遗构也许才能唤醒来访者的文化记忆。

窦平平

庙,还是知识?

五龙庙之所以能受到如此多的关注,恰恰不是因为它是庙,而是因为它是仅存的数量微乎其微的唐构之一。庙是场所,它具有在地性,在使用中获得意义;唐构是知识的载体,它具有抽象性,在认识和传播中体现价值。五龙庙作为庙的身份几乎已经消解,也因此逐渐脱离了与身处的村落之间的关系。这场由它的落寞而引发的、由古建爱好者发起和筹资的环境整治工程,便是脱离的佐证。而它作为唐代遗构的价值,随着时间的延伸和认识的发展,一直在,也将继续增加。那么在环境整治工程中如果将其依然视作庙,投射并重塑庙的情境,固然是一种方式,但这样的方式是"隐匿"当代介入的。王辉建筑师选择了对它知识身份的认同,将它作为知识载体的身份物质化和丰富化,从而让知识在情境中传递。"知识的情境"使得更广泛的兴趣和资源得以注入,也不排斥无关的日常的发生,它们将或是共生,或是碰撞出五龙庙的未来。

末尾两段初次表于《世界建筑》杂志第313期,2016年7月刊。

有龙则灵——从世博会中国馆到五龙庙

2016北京设计周
谈心聚场

2016年9月26日,"有龙则灵"亮相北京国际设计周"心中势"展,演述了一个被村民忽视的国宝如何通过匠心的营造,变成一座开放的中国古代建筑史博物馆的故事。此次展览正是要将这样一个项目的始末展现在北京国际设计周的公共平台上,以期开创性的文保工作能得到社会更大的关注。9月29日下午,都市实践、万科集团以及相关业内人士在北京设计周"谈心聚场"中畅谈了五龙庙环境整治项目的前缘后续,并直面对这个项目的争议来进行开放式探讨,为当代语境下的文保工作提供了一个多方参考。

有龙则灵——从世博会中国馆到五龙庙

王
辉

2015年10月,"龙·计划"所要完成的五龙庙环境整治方案还在等待国家文物部门审批,而到了2016年10月,我们已经完成了中国文物建筑保护史上一次创举,那就是利用民间力量,通过社会合作,进行古建保护工作。2015年,我们在大栅栏"北京国际设计周"做了一个展览,向社会推广"龙·计划"。现在,我们将汇报这个"龙·计划"的项目成果,分享我们这一年的工作。

在中龙泉村住着两位七旬左右的老人,范安琪和张朝勉。他们和其他三位朋友在过去的十年里,默默地守护着一座国宝,即我们所要保护的五龙庙,又名广仁王庙。五龙庙是中国现存第二老的木构建筑,也是现存最古老的道教建筑,其他两座现存唐代建筑(南禅寺、佛光寺)和后唐建筑(天台庵)均为佛教建筑。

五龙庙坐落于山西省芮城县,距离主县城只有两公里。它之所以能够保持下来,与它的默默无闻有着一定关系。去五龙庙,必路过一处非常著名的古迹——建于元代、20世纪50年代因修三门峡水库而迁移至此的永乐宫,以其精妙的壁画而闻名,来临摹壁画是无数美术院校的必修课。即便如此,连来此上课的美术生可能都不知道隔壁中龙泉村里还藏着另外一处国宝。

五龙庙源于水。庙前原有五龙泉,造福一方农田灌溉,所以地方官在唐大和年修庙以志纪念。但随着农业技术、水利技术的发展,现代农民已不再靠天吃饭,没有了祈雨的诉求。五龙泉逐渐干涸,以及五龙庙变成一个被孤立地围起来的国家文物保护单位以后,它逐渐淡出了村民的日常生活。

2015年后,即使在国家文物资金的支持下进行了五龙庙的修缮,它的周遭环境依然十分恶劣。万科集团副总裁丁长峰先生在遍访山西古建过程中,意外遇到五龙庙,看到这个残破的景象,万分痛心,十分焦虑。作为一个开发商,丁总实际上对古建有着非常深的热爱和专业知识。同时,万科也有企业公民的自觉意识。希望通过民间的力量,来介入五龙庙的环境整治。

我们没有资格和权力介入五龙庙建筑本体的保护修复,我们所要做的事情是整治庙宇的周边环境,让庙重新回到人们当下的生活,给庙一个更好的生存环境。

随着近年的经济发展,这个村落的形态也在变化。一方面是人的变化,那就是空巢的现象。村民随着核心价值的淡漠和丧失,逐渐难以找到精神层面上的凝聚力。另一方面,农民们盖了越来越多新房,造成庙周边环境的建设性破坏。

在2015年米兰世博会上,万科企业馆由美国建筑师丹尼尔·里伯斯金设计,建筑外墙采用了红色的陶瓷挂板。万科很希望世博会以后,能够形

成一个万科米兰世博遗产，投资到国内一项公益事业上。正好丁总已经关心五龙庙很长时间了，都市实践也预先做过研究性方案，所以"龙·计划"就很快酝酿成熟。我们希望借助米兰世博这个世界性平台，提供的不仅仅是筹措资金这种实质性上的经济支持，也向世界发出中国人如何在当代条件下保护文物的一种声音。

"龙·计划"有很多中国文保史方面的创举。第一，这是一个借助民间资本和力量，在发动群众而不是依赖少数专业精英层面上，开展的一个对古建保护的公益善举。第二，"龙·计划"借助了互联网的平台，保护工作不单在经济上得到了数百人的支持，更重要的是这种理念得到了宣传和推广，并获得了社会的广泛认同。这种认同的意义不只是在于一个"龙·计划"，一个庙，而在于唤醒了全民的文物保护意识。

在五龙庙设计过程中，我们努力地想把五龙庙带到今天的生活。古庙新生，它既有精神的一面，也有物质的一面。我们需要用一种物质材料来塑造这个空间，来重新解释这个空间。我们意识到文物保护应该具有一个可逆性的原则。我们今天做的事情，到一定时间以后，如果做得不一定对，或者说做得还不够好，后面的人就可以把我们这部分再重新解释，甚至重新来做。五龙庙环境整治采用了挂板的形式，它既有利于缩短施工工期，也有利于未来的可能拆建，当进入一个新的时代条件之后，也许我们的使命可以告一段落了，让其他更高明的方法来取代我们，这个挂板也可以拆除了。山西位于黄土高原，五龙庙的本土建筑文化是窑洞文化。我们跟"宝贵石艺"合作，研制有生土效果的装饰挂板，希望它有一种土生土长的感觉。

文物保护，技术上并不难，但如何通过法律的程序来完成，还是要走很多的路径。在这当中，我们非常有幸得到了很多专家的指点和帮助，这其中就包括吕舟老师。我在三十年前，就是吕舟老师古建班的学生，今天非常有幸，通过这个项目又得到吕老师的指点。这样使我们设计和建设的报批工作，有了一个比较正确的路径，能够在国家法律框架的指导下，依法完成我们的工作。

由于冬季施工受限，实际上真正的实施建设是从2016年的3月份开始，在短短两个多月时间里完成的。这个在很大程度上要依赖万科有操作经验非常丰富的管理团队，用现代企业的目标化管理方式来做这个事情。我也在这个过程中，被目标化了，规定哪天必须要干完哪件事，一环扣一环。最终，我们在2016年5月14号完成了这个工作。现在想起来，这是一个不可思议的工作。

在整个过程中，"龙·计划"是一个整体的团队。一个项目能做成，从

公关、报建、施工、监理、宣传等各方面,不可能只是一个人的努力,没有一个强大的团队是不可能完成的。如果没有刘剑的影视宣传片,我们在社会上宣讲、推广的力度也不会那么强大。这个项目本身不大,很难在图片里表达,无论拍什么照片,画什么图像,都很难表达实际的空间状态。有一点遗憾的是,我们所展示的图片都是关于建筑,而不是生活的图片,因为我们的摄影师不可能天天蹲在现场。所以很多在媒体上发布的图片,让人觉得好像以新的建设为主体的,但实际上是以五龙庙为主体、以村民生活为主体的。

我希望大家能怀着批判精神来看这个事情,也希望这些批判能够给全国其他类似的文保工作提供一些经验和教训。"龙·计划"采用了众筹的方式,也是希望能够掀起广大人民群众对文物的关心和关怀,以及通过聚沙成塔的努力为文物保护做一点工作。中国是一个文物大国,在如何使用和如何保护的道路上,确实还有很多有争议的做法,但无论如何,实践是检验真理的唯一标准。

"龙·计划"本身是一个很好的开头。当然,限于团队的能力以及各方面的约束,我们目前能做的也只有这些了。但是,我们不应把五龙庙环境整治只看作一个项目,而是希望"龙·计划"能够带来更多的"龙·计划",有更多的人来关心文物、参与文物,并合理利用文物。

丁长峰

我还是要谢谢参与"龙·计划"的所有的朋友,包括在座的吕老师、郑老师、舒展、贾蓉、刘勇等,所有参与这个计划的设计师、艺术家、古建的爱好者,以及当地的村民。这个项目虽然是万科和都市实践一起来发起的,但实际上牵动了很多人。我前天去大使馆拜访意大利大使,因为我们做了一本米兰世博会万科馆的书,介绍了五龙庙这个后世博遗产的保护计划。当时在典礼上,大使因故没能够来到现场,但是给我们拍了一个视频,表达了来自于意大利方面的祝贺。将米兰世博会的遗产跟中国的唐代古建保护连接在一起,这样的中意两国文化交流的事情,给大使留下非常深刻的印象。这在整个世博会的历史上,可能都是一个非常有创造力的事件。

5月份五龙庙竣工之后,我们将之移交给了芮城县当地政府。从那之后一直开放,大概每天的接待量是200人,到现在差不多有2万多的游客已经来参观过五龙庙。其中有一半是来自于外地的,他们很多都是古建的爱好者,是这个事件激发他们慕名而来。但我想说的是另外一部分人,他们来自运城,来自芮城县,来自附近的村子,里边有很多有意思的老人家。在附近村民的心中，历史上的五龙庙一直是他们生活中不可或缺的一部分，只不过后来湮没了，没有能够得到很好的保护。所以对于当地村民，尤其是对于老一辈，当他们发现五龙庙获得新生之后，心里面一种非常朴素的感情被唤了起来。这是我们对这个文物做了保护之后，又把它还给当地村民的一个意义所在。

总有人在问我说，你们做了这个项目之后，会不会还有后续的项目。前几天，山西省召开全省的文物工作会议，省长对于我们这一次五龙庙保护计划的模式创新，给予了高度的肯定。所以我们将会去跟山西省文物局和山西省政府讨论我们未来的一个长期的计划，可以称为国家记忆工程。中国地面上的文物 70% 在山西，这些祖宗的遗产需要薪火相传。我们作为文明的受益者，有责任把文明之火传承下去。我们计划未来要去布局一个单独的山西文物保护基金。我们也希望能够找到更多志同道合的人，一起把这件事做下去。

吕
舟

文物是什么?文物是不是一个要被我们所谓高素质者放到象牙塔里面的研究的对象,仅仅是一个不可触碰的东西?我觉得不是。文物是我们生活当中的一个组成部分,是我们今天和历史连接的一个媒介。文物应该在社会当中发挥很现实的作用,应该影响人们的思想,影响我们今天的生活。文化是动的,不是凝滞,一定会发展演变,文化不会停留。我们不可能把文化停滞在某一个时间点上,这是做不到的。所以我从一开始就非常支持"龙·计划"这件事。那次侯正华和王辉一块来找我,说山西文物局希望我一起来出点主意,想想办法,我就对这个项目非常感兴趣。

恰恰是从2013年开始,我们就开始讨论怎么让文物活起来,特别是在山西,怎么让它活跃起来。大概十年前,进行了一个庞大的工程,叫做山西南部工程,对山西南部105个全国重点文物保护单位,155处元代以前的建筑进行了维修。但维修以后,时任国家文物局局长励小捷到现场看了以后,就发愁修完了怎么办?这些房子原来都是偏僻的小村庄里的小庙。就因为它偏僻,人迹罕至,所以它才保存得完好。那么还是锁起来吗?还是关起来吗?再过十年我们再修一轮吗?

怎么能让这些文物在社会当中发挥效益。我想"龙·计划"做了一个很好的样板。通过这样的环境整治,按照周榕教授的说法,让它的神境和人气都回来了,让它重新寄予了力量,变成了一个村落的公共活动的中心,也变成了万众关注的一个对象。有人关注它,有人在这里活动,它就活跃起来,从一个不太被理会、被遗忘的地方,重新变成一个社区的中心。我想这就是活起来了,就是让它在我们今天的这片土地上得到了新生。

有人说整治好像改变了它的原状,改变了原来的环境。但我觉得环境不是一成不变的。我们可以想象五龙庙当年繁荣时候的样子,经过繁荣到衰落,最后仅存两座建筑。今天我们重新赋予它一些新的活力,这也是我们今天文化的延续。当代文化和传统文化的一个结合,碰撞、融合产生出新的东西。

这个过程,对王辉也是一个折磨,虽然他自得其乐地投入在里头,但是反复的修改方案,是非常辛苦的。对于建筑师来说,就是把握一个度。适度地干预,最小程度地去干扰原来文物的本体和环境。给它添彩、添光,而不要过多赋予某些个人的标志性的东西。这也是在设计过程当中,不断磨合、不断变化、不断改善,最后得以成功,得到大多数人支持的一个重要的原因。

文物不是象牙塔里的东西,也不是应被束之高阁的东西,它一定具有社会的性质,它一定要在社会上焕发自己的活力,是一个社会事业。过去的中国,因为在计划经济体制下,文物的维修保护全是政府管理。今天我们社会已经发生了很多的变化，文物保护一定是社会参与的。像五龙庙就是这样，不仅仅丁总代表万科参与这个事情，都市实践代表建筑设计的一个力量参与其中，我可能某些程度上代表了学院力量。我们还看到像范老人家、村民也在这个过程当中积极参与进来。每个人都会在里面发挥自己的作用，因为它本身就是一个社会的事情。社会的事情就要社会来办，现在我们讲PPP模式，就是要全社会参与。包括政府、机构、个人等，都参与进来，只有这样文物才能发挥它的作用，才能唤醒人们的历史保护意识，或者对历史的觉醒，去关注历史，关注自己的文化定位，关注自己的文化身份。

刘
勇

我这五年以来，走了山西119个县市区，走访过95个县市区的古迹，五龙庙我去了六次。五龙庙的情况在山西非常具有代表性。像吕老师所说，文物局也很头疼，花了这么多纳税人的钱，在偏僻的山村里重建或修复了很多文保单位。它们将来会是一种怎么样的呈现?这是一个需要社会各界人都来关心和爱护的事。

五龙庙，现在公认为是唐中后期建筑，始建于公元800多年。有着1100多年历史的文物，是现在能看到的古建里面第二老的。从历史来讲，文明有两种载体能使其保留下来，一个是纸质的书，现在可能更多的是互联网;另一个就是建筑。在山西能留下来这么多的古代文化遗产，一方面是历史原因，因为山西是中国古代文化的一个发祥地;另一方面就是历史的偶然性选择，能够把这些留下来。

文物留下来还有一个主观的条件，就是有人不断在这些建筑里面进行各种活动。像五龙庙、南禅寺、佛光寺，是因为它们有使用价值，所以这些房子还没有被人推倒。在古代，这些房子肯定不是政府去修，而是民间去修。山西汾阳市有一个元代的建筑，是榆苑村的五岳庙，供奉的是五岳大帝。我们去时村民很热情，有个村民家姓孙，把他的祖先在清代历次修五岳庙的木匾拿出来给我看，有康熙年的，咸丰年的。在中国各地会有很多这种建筑，都是地方乡绅阶层在当地集资，为了信仰的追求，为了礼仪的追求，不断地在修建这些古代建筑。五龙庙能够留到现在，肯定不能光靠唐代政府去修，也不能光靠元代政府去修，它是历代人民不断更新和维护的结果。

由于各种原因，很多这种文物丧失了它原来的使用功能之后，历史让它们破败了。这种破败是一种正常的社会现象，我们没有必要回到历史上去，这也是不可能的,因为我们生活在我们这个时代。这个时代有这样的一群人,一些对于文化传承有兴趣和有能力的人,做了一件在大陆的古建文物环境整治方面很有价值的一项尝试。这是一个很好的开始。

这件事也有各方面的争议,这是好现象。因为文物属于全社会的共有财产,所以仁者见仁,智者见智,都会有些争议。至少现在来看,五龙庙开始了它1100年以后的一个新生。对于将来它会成为什么样的形态,是还像唐朝一样继续祈雨,还是成为村民的活动中心,还是成为古建爱好者和古文化爱好者的一个访问地点,都有无限的可能。

刘文鼎

五龙庙这个作品在建筑圈里、在建筑学的意义上是得到高度认可的,包括周榕老师写的《有龙则灵》也给了很高的评价。5月14号竣工验收时我有幸到了现场。我是前一天晚上到的,到那以后,我觉得我应该感受一下王辉所说的梦回大唐。我想在夜色中看一下是什么感觉,在没有人的时候。我第一感觉就是整个的整治工程做得很有力量,是件非常有力量感的作品。我之前知道一些这个设计的思想和立场,也顾虑过是否有过度干预的问题。建筑师因为都有创造欲,总想在自己做的东西里头把自己多表现一点。但是到现场以后,我感觉五龙庙和我事先看照片的感觉还是不太一样,它的尺度比我想象的要大。因为这个庙形制比较低,本身规格并不是很大,但现场的尺度还是感觉挺大的。这应该是王辉的一个功劳,他通过一系列的墙来衬托出这个庙,一下让五龙庙找到了一个合适的尺度。看原来的照片,周围是一圈红墙。当时我的评论是空旷、寂寥,就是很荒凉的感觉。通过五龙庙环境整治工程,庙重新找回了它的尊严。

原真性问题我们也可以好好探讨一下。前门的城楼,实际上是在1900年八国联军跟义和团打仗的过程中炮毁了的。只留下了城台,前面的城楼都没有了,现在的前门城楼是1901年新修的,也就是在《辛丑条约》签订以后。我们现在看的不是明代的,也不是清代的,而是一个新的东西。永定门城楼实际上就更新了,它看上去好像特别小,但却是足尺的,是因为周围的环境全变了,在二环整个空旷的城市尺度里面,它就感觉非常小,尺度完全不对了。所以一个庙,不能单纯地看它本身,应该看它是存在于什么样的尺度里。

那天我看到五龙庙的屋脊,我觉得不对,因为唐代鸱吻非常大。我问山

西文物局的人，他说这个鸱吻实际上是明清的，并不是唐代的。包括五龙庙的台基，这种砖的台基都是明清的，因为在唐代没有这种烧制的灰砖。所以我觉得追求原真性，实际上是没有太大意义的。中国木构建筑，汉代可能都看不见了，唐代就这么几个木构。看完五龙庙，我们去了芮城的城隍庙。它更有意思，在一个庙里头，山门是元代的，后面的殿一个是明代的，明代的后面那个殿是宋代的，最后一重是清代。于是一个城隍庙里，集中了宋、元、明、清四个时期的建筑。这就是历史的延续性。中国的木建构，它是一路发展下来的，不是一成不变的。如果一成不变的话，我们也看不到现在的故宫，可能还停留在唐代的那种建筑形制，是不是也太单调了。

时代是发展的，我们要活在当下。建筑学也是讲究时代性的，它不是象牙塔。所以一个作品成功与否，应该站在一个更加久远的历史角度来说。可能过了数十年、一百年以后，它又是属于这个时代添加上的一个烙印，就好比是添加上去明代的鸱吻、砖瓦。它是这么逐渐增加的，逐渐一路发展下去。

© 2016 年北京国际设计周「有龙则灵」展场

贾
蓉

非常高兴有这么多人关心"龙·计划",我应该是这当中对这个项目贡献最少的人,但我觉得我代表了一个特别大的群体,就是最普通的群众,或者是说跟当地有关系的人,来支持这件事情。我虽然是芮城的媳妇,但去五龙庙的时候,才第二次去芮城。我对这个县没有任何的了解。看这个项目的时候,我非常感动,想的第一件事情,就是有一天我一定要带我的儿子回来。一定要让他去这儿,告诉他这是他的老家,他老家有这么一个特别重要的项目。

我跟很多人聊过"龙·计划"这个项目,当然有各种各样的声音,也包括有批判的声音。即便澄清了大庙修缮不是王辉做的,关于周边的修缮,也有人会觉得太新了,没有以前沧桑的历史感了。但我看了之后,觉得特别好,作为一个运城人,觉得我的家乡这么棒,有这么好的一个地方,这个地方真的做得很漂亮。在现场两天里,既体验到下雨时候肃穆的空间感觉,也看到蓝天白云时特别明朗的那种,觉得在我们这样的一个小县城,有这么漂亮的公共空间,真的很有自豪感。这是第一个感受。

第二个感受,为什么说要带儿子来看呢?我觉得在这个重要的文物建筑公共空间里,把山西尤其是晋南的古建,做了一个非常开放的展览,太重要了。我在晋南生活了那么多年,但对于山西古建其实还没有关注,也是从这件事情才开始有所了解。我虽然知道山西对于中国历史很重要是因为它是一个记载了很长历史的省份,运城是华夏文明的一个发源地,但对于具体的建筑知识,这么深度的了解,之前并没有过。

如果当地的每一个人,出生之后就跟小朋友一起在这儿玩,就在这儿长大,他很自然地就会了解到什么是斗拱,古人曾经给我们留下来的建筑是什么样的。通过这些建筑,可以看到它背后的城市是什么样的。在城市记载的背后,反映的是我们整个中国这么多年来的社会和文化是什么样的。对于当地人,它是非常光荣的一件事情。这样的项目给了当地人文化的熏陶,他可以比较深度地了解当地的历史。这种自信的形成是特别重要的。这一点在我们当下,不管是庙宇,还是其他公共空间,是非常少见的。有了这个项目之后,作为一个关心这件事情的最普通的人,我们就可以参与其中。

我们跟都市实践已经合作了很多年,这个合作可能是最浅层的。从2013年一直合作的"手工艺",是在地文化复兴的一些项目。五龙庙是一个文物,而我们在做的是一个街区的复兴,但是不管是文物的利用,还是街区的复兴,最离不开的就是大众群体的广泛参与。建筑师们所表达的、所做的事情,都是为了能够或唤醒、或引起、或能够让人们更多地去利用文化,去感受到文化的力量,并延续文化。这一点,是这个项目的更广泛的意义所在。我也希望在后期利用的这个过程当中,能够贡献一份力量。希望大家能够一起参与到这个过程当中来,为"龙·计划",以及为更多的"龙·计划",来贡献力量。

张路峰

这个项目我没去过现场,但对各位付出的辛勤劳动充满了敬意。我对这个项目一直没敢说话,一方面没有去过现场,再一个我确实没有搞明白所谓争议在哪?有很多人说起这个项目,我始终听到一种声音,就是这个项目非常好,没有看到传说中的争议。尤其是文保部门,李老师是文保界的权威,他的观点我也是头一次听到,因为我想象的和我看到的所谓争议都是文保界和设计界的争议。建筑师喜欢表现自我,在设计的时候就会有更多的表现成份。而文物界对历史建筑实际上是一个比较消极的态度,有最小介入等原则,这些原则在学术场合是非常明确的事情。关于历史建筑有《威尼斯宪章》,已经把很多事情都说过了。这个宪章虽然是基于西方的大理石传统提出的,但实际上我国的文物部门已经把国际公约或者国际准则当作我们自己的准则写到文物法里面了,还包括其他一些基本的修缮和保护原则。这个本来是没有什么争议的。

像五龙庙这样很明确的国家级的保护建筑,在这个特殊项目里面用一个积极的或者激进的态度来处理,这件事我是比较有疑问的。万科做这种项目是个好事。本人也是建筑师,不是极端的文物保护主义者,不认为文物就是不能碰的,一个指头都不能动,我没有那样的思想。但挑这么一个重要的、或者说稀缺的、比大熊猫还少的项目来操作,可能会比较被动。要是选一个稍微级别不那么高的,作为第一个项目试验也好。我觉得这种项目不能再推广了,再推广可能对大家在理解这件事情上会有一定的误导。

其实这个项目做了两件事。第一件事,是把一个缺失了历史信息的文物建筑进行了环境虚构。当然不得不虚构,因为历史周围遗存已经不在了。这就相当于给宝贝镶了一个镜框。我捡了一个扔在垃圾堆里非常脏的宝贝,把它打扫干净,镶个镜框放在里面,这样也好看。这不是争议的焦点,收拾是好事,重点还是专业上的事,就是这个度怎么把握。这件事要用多少力度、做到什么程度是合适的,这个是一个专业的问题。从我个人的学识或者局限性来说,我觉得这个项目下手还是有点儿重了。虽然是尽量地放低姿态,但做的东西还是有点儿多,有点儿喧宾夺主的感觉。这是第一个中心点。

第二个是王辉给这个新的替换场景赋予了一个新的功能，就是所谓的建筑知识的展陈。他把一些斗拱、唐代建构的建筑知识放到环境里面，做成一个露天博物馆。古迹存在、遗址存在的价值其实是多重意义的复合体，不光是给建筑专业人士来使用的，或者不仅是给我们这一代人使用的。我们应保持一个开放性的结局，荒芜的或者不定的状态。考古现场这样的状态也是一个文物存在的意义，而不是我们用一个设计终结了，在我们这代就彻底地断了这个念想，不用再琢磨这个事，就已经定了。这一点上是不可持续的，应再低调一点，应该拉出一点距离，应有点儿往后退的意图。

至于说整个项目在社会效应层面能起什么作用，比如说跟当地的村落复兴或者村民生活结合的效果如何，这个我没有资格讲，因为我没去过。我也不知道做这个事情三年、五年、十年以后会是什么样的，这个留给时间去判断。我关注的并不是这个项目的成败，而是这件事情背后所反映出来的学术问题，这个学术问题就是历史建筑的环境能否虚构？这个虚构带来的可能是文物的使用价值，是面向当代的使用价值，但是同时却消灭了其他的价值。比如说在建筑知识这个层面上作为文化传承，像周榕老师讲的应把知识传播上升到一个神性的层面。我不否认知识是可以在当代起到这么一个作用，但不是关于斗拱的知识，也不是关于唐代建构的知识，这个知识的重量是太不够的。人们在历史的场景里，哪怕是废墟，产生某种历史情绪，也是它价值的体现。而不是说要作为像公园一样的现代环境，来享受现代化的生活。这种时代性给村民带来了直接的利益。虽然五龙庙在芮城，但它已经不属于芮城了，现在已经属于中国了，属于世界了。所以说，直接跟当地文化去接地气，应该谨慎。我们有的时候可能不知道这个东西该怎么办的时候，把它关上门锁起来也许是一个好的办法。至于说近代建筑遗产或者数量较大的明清时代建筑遗产，用一种建筑师的演绎态度去发现价值，我一点也不反对，而且我也做过类似的工作，也在思考这方面的问题。

这个项目最大的一个好处就是把实际操作的项目提升到了学术讨论层面。我从心里面对于王辉的建筑上的追求是充满敬意的。之所以吹毛求疵是因为这个项目太特殊、太敏感了，这是一个国家级的文化保护建筑。即使做实验的话，也应该拿一个稍微价值低的去做。我不是保护文物和历史方面专家，但作为一个建筑师，对文物、对历史、对遗产或者是作为普通百姓的认知，决定了我会想这么多的问题，所以也拿来和大家分享一下。

王舒展

　　五龙庙项目真的是特别有意思,因为它的规格没有佛光寺大殿那么高,能让人产生一种对历史对于神性的向往。相反它和当地的乡土、当地人民的生活更接近,从历史来看它是一个活在当地乡村当中的,为大家求雨而建的一个庙。这个案例是把文保、建筑、现在的乡村状况、当地人这些因素都重叠在一起了,这个案例选得太难了,特别难。所以,我们可以在这个案例上听到各方面的声音。从五龙庙开幕式回来,我们发了一篇文章,里面没有陈述任何主观观点,只是把我们看到的事情全部呈现出来。当地人是怎么样来看这个庙的,比如当地人现在仍然觉得这是求神拜佛的地方,而且他们提着特别多的贡品,可能和我们想象的他们是到这里来学习历史知识的、是来看一个古建博物馆这种想法差距还是很大的。

　　国家现在有很多情况就是这样的,我们的建筑修得很好,但我们的生活很烂,这既包括我们的一线城市,也包括我们的乡村。实际上我们对这个房子的最大的忧虑,就是担心它的房子被修得很好,可是背后真实的生活仍然很烂。

　　我是海南的媳妇儿,每年都回婆家的老家。当地有一个三进院子的大祠堂,每年春节回家就到那去交钱,因为祠堂门口会公布一个榜,说今年春节谁给这个祠堂捐了什么,捐了多少钱修哪根梁,给村里修了哪条路。这个祠堂永远有人修,谁在外面发达了回来就给铺个小广场,谁挣了钱回来就给修一个局部,一直都是那样的一个状态,我觉得那样的状态挺好的。政府从来没有说这两三百年的祠堂是个问题,整个村子就把这个传统建筑养活了。而且他们每年还在修家谱,家谱修得都半人高了。

　　如果有过乡村生活的体验,你就会知道五龙庙凋敝的状态很可能预示着背后的乡村生活的某些部分发生了问题。这个建筑和当地人的生活已经发生了某种断裂,或者是说乡村生活本身已经凋敝到不能够支持这个房子。当然也有可能是因为它已经变成了国家文物,已经规格太高了,所以被外力生生地从这种乡村的生活当中剥离出去了。在五龙庙项目的媒体报道过程当中,我觉得很缺乏这方面的信息,以至于对五龙庙背后的真实生活仍处在猜测的状态。我们不太知道当地究竟是什么样的,这个村子的平均收入到底什么情况,是一个贫困县还是一个比较富裕的地方?它的凋敝的症结到底出现在哪里?这个事都还没有特别明白,或者说参与的人明白了,但并没有披露出来。

　　所以,就是说这个房子现在盖成这样的成败并不是那么重要,关键是通过这么一个事能否把这样一个典型的问题真正想透了,分析明白了。社会各界在这里面有一个切磋,这个切磋特别重要,必须要有一个这样的碰撞。至

少在媒体人心里面它的文化作用，远远大于房子本身与环境本身是否修得好，用质量高一点还是好一点的材料。它产生的后续文化影响力，或者是起到的各界交融讨论的作用，非常深远。

我们希望能有不同方面的专业人士充分地发表意见，然后也包括没有发言权或发言机会的当地百姓。我们也要找机会真正了解他们的生活，然后让房子好，让房子背后的生活也好，这才是盖房子和修房子的最终目的。我特别担心我们还会延续之前十年的城市与乡村的发展路径，我们修了特别多的房子，投入很大，质量也很好，可并没有建立起一个特别美好的生活。这样的话，无论是文保界还是建筑界，其实都失去了工作的真正意义，真正的准心。这主要是站在一个媒体文化传播的角度上来看的。我之前也是建筑师，非常清楚一个建筑从想法到落实，一路上所有的艰辛。五龙庙能走到今天也是很多人付出极大的智力、体力投入，这是不容否认的。而且它确实开了一个好头，把这样的问题浮到水面上来，这就是善莫大焉的事情。关于五龙庙的话题可能还要继续下去，希望这个课题可以发挥最大的文化潜能。

周
榕

有关五龙庙的评价我写过文章，最大的一个感触是太不容易了，真的是不容易。我写文章相当于一个虚拟的复盘，虚拟地把这个事情再过一遍，这个事居然能做成，我觉得只能用奇迹来形容，几乎是不太可能的，就是在中国现有的状况下。整个"龙·计划"完成以后的遭遇说明，在中国最好的办法是不作为。做任何一件事情必然遭遇到各种各样的意见，而且这个意见永远是撕扯不清楚的。讨论清楚有没有可能？没有可能，就是不争论，先干了再说。假设五龙庙这件事倒过来，先全社会大讨论，这事三十年都干不成，绝对干不成的。所以现在这个状况其实有点一意孤行、孤注一掷，趁人不备先把这个事干了。做完之后有没有问题？肯定是有问题，不说千疮百孔，但也是有很多的问题。

第一个我是觉得在中国当下、在如此一片不作为的氛围里面，五龙庙的出现是非常感动的。而且我非常尊重在不作为的时代能够作为的人。

第二个意见，我想在很多的情况下，五龙庙一出来遭到很多的质疑，一方面当然有很多是观念上的保守，另一部分是你动了别人那份蛋糕、那个奶酪。最近流行人民日报说"一句话证明你读过鲁迅"，所有人都反映就是"你也配姓赵"，就是这一句话解决了。文保界也许很多人感觉就跟"你也配姓赵"一样，你有什么资格做这个设计？我们这儿还饿着呢，你凭什么来做？你懂《威尼斯宪章》吗？你说懂，那我们还有别的，我们还有原真性的原则，还有最小干预什么的。但其实也都懂，懂完了以后也并没有用，还是"你也配姓赵"，你阿Q读再多的书，读到博士也不配姓赵。所以，做了再多的对文物的尊重、所有的这些事情表现得再谦虚，所有的反对派请来把自己骂一顿，你还是不配姓赵，你还是不配做文物保护。我觉得这个是我们面临的一个现状。所以，王辉费尽很多力气证明自己是配姓赵的，但是还不被接纳，还是姓王。我说你就不姓赵，你也不用按姓赵的方式走，姓赵的无非就是他们的一个意见而已，这个意见的基础里全是虚构。

我的第三个观点是关于虚构这个事。我在文章里写的很重要的这个态度上就是叫再虚构，文保部门的保护不是虚构吗？文保部门的保护不仅是虚构的而且是伪造的，这道墙根本不存在。这道墙按理说是没有的，是申请文保单位之后才建起来的，并不是历史原初存在的一道墙，这道墙的形制也不是唐的形制。这个形制上是错误的，根本传达的是一个更加错误的历史信息。那么，这样一个伪造的环境，和一个干脆就摆明了是虚构，任何人一看就知道肯定不是唐代的，我根本不需要有一个考古的知识，哪样更好一点？反正我更恨那个假的，企图让我觉得它好像是有历史传承的墙。我觉得现在这个状况比那个时候还要好一些。

　　第四个观点，就是什么叫做"如有神"，怎么叫"通神"。因为在写这篇文章的时候，我最早定的就是"有龙则灵"四个字，因为我觉得写完这四个字这篇文章已经结束了，剩下的都是多余的话。为什么说有龙则灵？这个龙是文化的魂灵，是文化神灵。我讲通神并不是说回到一个迷信的状态，还是要把文化最有意义的那一部分激发出来，这个神就是它的意义所在。我在文章中也在讲传统的发明，观点是什么？观点就是说我们今天的生活实际上是失去了一个连续性和完整性的意义。我们活这一辈子干什么？如果没有找到这个意义的话，这一辈子确实活得挺没劲的，就这么短短的百年的时间，为什么来到这个世界上？为什么要在这儿倒腾完了又走了？如果没有一个贯穿几千年的连续性的话，我们在此世的短暂和偶然确实是毫无价值的。那么我们生活的短暂度过的一生，需要一个更加漫长、更加永恒、更加连续、更加长的时间尺度的事。这个意义体系要关联起来才能够觉得这一辈子活得还不仅仅就是当下享乐的这些事情。

　　这就是文化的意义所在。都说中国是没有信仰的国家，其实是不对的，我们只不过没有"人格神"这样一个明确的信仰。我们是有信仰的，我们信文化、我们信祖宗、信连贯性的东西。为什么中国人喜欢用典故，就好像几百年前古人一起喝酒、一起惆怅应答，这个事是非常重要的。所以，五龙庙的态度实际上跟古人用典的态度是一样的。明明是一千年前的事，拿过来就写在你的诗里面，好像是昨天发生的事情一样，跟你的生活、跟你的精神是连贯的。在这个时候你发现你活的不是一百年的时间，你活的是跨越千年的时间。所以对五龙庙这样一个文物到底该是什么样的一个态度？把它隔绝起来？密封起来？无菌化处理，就像一个水晶棺？还是说要跟它发生刚才说的这种惆怅应答的关系？跟它就像朋友一样能够有交流，这个非常重要。

　　而且，我觉得五龙庙价值的最大问题是规制不高。本身就是乡野小庙，又经过50年代的大修，把椽子给锯短了，原有的唐风不能说荡然无存，但已经不像原来的样子。即使五龙庙原样保留下来，它的造物的水平究竟有多高吗？明显不如佛光寺和南禅寺，不是你活得老就一定有道理。

　　那么，怎么能够把这一块地方能够激活呢？这个就要看各方面的本事了，很多人用"力量"这个词，我个人不是很喜欢，这个词往往意味着用力过猛，最好不用。我喜欢用"魔力"这个词，就是魔法这个词。因为中国有几件事是有力量的，首先是权力最有力量，现在资本也很有力量，力量已经大到有时可以跟权力叫板的程度，设计师也很有力量，他们在二十年间可以把中国的城市重新搞一遍。这些力量都和魔法远远沾不到边，其实权力的力量如果用好了是可以产生魔力的。我说的魔力不是如醉如痴像服鸦片一样，

我说的是对于生活的意义，对于我们文化所有的意义，它能够给予把这种意义重新塑造出来的能力。但可惜的是这样的魔力很少。万科销售做到了几千亿，但对于一个并没有能力从你们那儿买到任何一点房子的人来说，不一定赢得尊重。但五龙庙这个小房子可能没花太多的钱，而且还有众筹来的，但确实显示了资本的魔力，显示它能够改变我们真正精神上的魔力，不仅仅诉诸我们的肉身，诉诸我们现实的物质世界。资本显示出了魔力，但是仅仅有资本的魔力不够。

王辉做这么多的设计，我觉得五龙庙是真正接近魔力的一次，最接近的一次。王辉是中国最好的建筑师之一，这次的五龙庙设计，在魔力的这个级别可以达到初段水平了。他至少是入了这个段了，在这个段位上面表明你开始了解这件事，开始了解怎么让设计变得有魔力。但这个设计是否做得很好，这点我同意张路峰老师的意见，这个设计不是出手太重的问题，是出手太快的问题。出手如此之快就必然暴露在这个事上的准备不足。五龙庙做得快，它够精但不够好。包括几个夹墙里面的院落空间，包括底下的村民活动空间，都表现出顺手用了过去长期习惯性的积累，出手就是套路，这个我是觉得不够的。

五龙庙这样一个处境，正好跟维罗纳的城堡博物馆在某种程度上有相似之处。假设说卡罗·斯卡帕不去动这个14世纪的古堡，它是绝对没有今天的知名度和影响力的，不过就是意大利一个司空见惯的城堡，几乎每个城市都会有这样的东西。同样，五龙庙如果没有"龙·计划"，就是一个遗产清单上的一个抽象名字,除了像丁总这样狂热分子要千里迢迢去看,其他人极少会去的。

由于这个事是为先贤增辉,这个工作是有技术含量、智慧含量,这些含量固化在这一个场地里面,让这块场地有了一个与众不同的能量储存,这种能量储存是非常难得的。王辉把生命一部分留在了这个五龙庙院子里面,有精神力量的加持。但是,卡罗·斯卡帕在这里面前后大概做了十七八年,王辉只做了一年,这个就显得不知道是给自己推卸责任,还是要夸耀自己比卡罗·斯卡帕快十几倍的时间。我觉得这是一个特别大的问题,真的是做得太快了。快了以后五龙庙整个大的气氛没有什么问题,但真的能够让人在里面流连忘返很长时间是比较难的。五龙庙可以有效把人吸引过来,但是你真的没法待一整天。维罗纳的城堡博物馆是可以在那儿待一整天的。

张宝贵

五龙庙有很多故事,因为关于龙。中国人说龙已经说得很热闹了。要靠近"龙·计划"的话,我倒觉得有必要先说下龙。最开始龙就是村里人编的故事,由于人的力量太小,想战胜困难,总要找一个精神寄托。所以就出现关于龙的故事,而且越来越丰富。

作为研发材料的一个厂家,我觉得很荣幸,用工业废料做的一些墙板,被王辉巧妙地用在了五龙庙的整治项目上。这个材料展示了自己的语言。如果龙这件事情在我们心中真的存在,它肯定不是一千年前,也不是三五千年前,而就在此时。首都机场 T3 航站楼有四条龙,我们用废料做的,好多人说那个不好,说那应该摆一个现代的东西。但我猜建设者不知道摆什么好,他希望摆的东西可以保佑飞机平安起飞、平安降落。其实什么东西不重要,飞机能平安飞上去,平安飞回来最重要。

客观上,王辉通过五龙庙的整治,展示了建筑师的一种思考,就是到底怎么看待五龙庙这种建筑。这里有很多学术争论,因为世界变得越来越丰富。王辉做的是他自己的思考,我们今天下不了结论。但是有一个现象,我感觉到了,5月14号竣工仪式下了大雨。我是芮城插队生的女婿,我在芮城旁边插队的地方叫临猗,在那儿生活工作了二十年。而且近几年,我老往回跑,因为老乡让我回去,插队生让我回去。前不久还来了一个芮城的领导,他跟我讲了一个事:芮城虽然有中国学绘画的人都知道的永乐宫,现在五龙庙的势头盖过了永乐宫。

如果再说一下五龙庙的事，真的是龙行天下，无处不在。龙本来是虚幻的，是一个精神性的东西。自古以来都在编故事，只要把故事编圆了，它就有了经济效应，农民就都会回来，保护传统的建筑就有了生机和活力。如果说一个传统的建筑特别好，跟老百姓没关系，老百姓不关心它，都是虚的。最近晋中一个城市让我去，也有很多传统建筑，坍塌得不像话。但是没有办法，政府没有资金，老百姓各种各样的想法。王辉的了不起就在于他用了挂板墙这一种好的方法，我不知道他是否一开始就想到了。有一次来了一个平陆的领导，说平陆现在也想要五龙庙那样墙，他们太喜欢了。前不久，夏县领导又把王辉请去了，也想要做一些类似的墙。

龙一定不是过去时，它更重要的是未来时。龙，一定不仅仅在天上布雨、行云，它一定会进入我们的内心世界。西北人有一个特点，据说西北是乾卦的"乾"所在地，秦始皇、汉武大帝、唐太宗，干什么事不是学别人怎么干，往往都是他们想干什么，就干什么。西北是阳刚所在地，所以三千年看西安，都知道西安是最古老的。实际上讲"五千年看河东"，河东就是运城市。运城市有13个县，就包括芮城县。那里出过尧帝、舜帝、禹帝，那边有个秋风楼，据说跟女娲娘娘有关系。汉武大帝去秋风楼朝拜过六次。

今天如果说把五龙庙只是当作一个建筑，我们只能习惯地从建筑方面去评论它。如果我们把它当作一个唐代的建筑，我们只能从木构角度去看待这个空间。假如暂时把木构放下来呢？假如把建筑的话题也暂时放下来呢？到那个地方神游一次，感觉到什么，就是什么。每个人的学识不一样，乐趣不一样。

平陆的领导跟我讲，你帮五龙庙做的夯土墙大家觉得好，你知道夯土墙是怎么回事吗？一下把我问懵了。他说我们平陆有一个圣人，叫傅说，他是板筑的祖宗。人之初，为了把身体搁到一个地方，找了个洞就钻进去，后来西北人挖窑洞，把身子放进去。后来发明了茅草屋，茅草屋不能够很好地遮风挡雨，不能抵抗野兽的侵袭。一个叫傅说的人出来发明了板筑，就是夯土墙、土坯墙。这一讲，我终于知道原来人类瓦匠的始祖是傅说，更觉得夯土墙做对了。我觉得如果把四千年前傅说的夯土技术、一千年前五龙庙的木构技术和当下的建造技术结合起来，其实好不好并不重要，大家争论就好，大家批判就好。因为龙的精神就在于大家有人喜欢它、有人不喜欢它。一下雨好像龙就是来了。龙来没来我们自己心里知道，关键要问我们自己来了吗？

一座唐代庙宇的再生：文物与乡土

贾冬婷

＊此文曾发表于《三联生活周刊》杂志第940期，2017年第24期。

为什么一座乡村小庙可以从唐代保存至今？地处闭塞、未经战乱、气候干燥、香火不断……更重要的是，它一直没有脱离人的日常生活。一旦不再使用，就危如累卵了。让这座废弃庙宇重新回到乡村生活中来，是山西芮城五龙庙"再生"的起点。

被替代的神明

前一天还是万里无云，天干气燥，第二天一早竟然淅淅沥沥下起雨来。山西省芮城县中龙泉村位于黄土高原，雨水尤为珍贵，村里人喜气洋洋："去年五龙庙环境整治竣工时就下雨，一年后的同一天，雨又来了，这不是龙王爷显灵？"他们觉得，一次或许是偶然，再一次，就不得不说是某种神迹了。

"显灵"让随后的祈福仪式更加虔诚。这座庙规模不大，一次只能容纳三人进入，大部分人都在外面冒雨点香。一个束髻道士用手帮忙掩着风，嘴里念念有词：

◎ 环境整治后的山西芮城五龙庙正重新成为村庄的精神中心

"龙王爷保佑风调雨顺，平平安安……"恭恭敬敬献上三炷香。

之后是唱大戏。请来了县剧团唱蒲剧，这是一种流行于黄河中游山陕交界处的传统剧种，腔高板急，慷慨激越，一唱起来就像要把嗓子唱劈了一般。负责此次五龙庙环境整治工程建材研制的建筑材料专家张宝贵年轻时曾在附近插队，他形容，这唱腔就像这里的黄土墙的斑驳，像黄河水的冲刷，也像西北风的鬼哭狼嚎，只可惜已经成文物了，年轻人喜欢得少。大戏在五龙庙正对面的戏台上演，唱给台下的村民，更是唱给对面大殿里供奉的龙王爷的。张宝贵告诉我，龙王喜欢热闹，喜欢听戏，一场大戏在过去的祈雨仪式里必不可少。

人们都聚拢看戏了，对面的五龙庙正殿空下来，两个道士走到殿外观望。过去一聊，才知道他们并不是这里的道士，只是因为今天的仪式，被从附近道观请来的。姓卫的道士告诉我，晋南地区是道教圣地，历史上留下了很多道观，但如今这些道观香火不旺，道士也越来越少了。进殿细看，里面供着几尊神像，中间一尊当然是龙王，神色颇威严，两侧立着风、雨、雷、电四位神仙。看守五龙庙多年的张勉朝告诉我，这几尊神像都是去年重修时新塑的。原来龙王像旁边还有一顶轿子，据说以前久旱不雨的时候，村里人就把龙王抬出来晒，唱几天大戏。

其实在干旱少雨的黄河中游，龙王庙并不罕见。古人以龙王为掌握风雨之神，为了祈求风调雨顺，历来便有龙王信仰。宋徽宗大观二年(1108)便降诏将天下五龙皆封为王：青龙神被封为广仁王，赤龙神为嘉泽王，黄龙神为孚应王，白龙神为义济王，黑龙神为灵泽王。五龙庙正式的名称即为"广仁王庙"，祭祀青龙神之庙，"五龙庙"为其俗称。张勉朝大爷说，以前周边每个村都有类似的龙王庙，但是留下来的很少，更别说从唐代一直保存到今天了。

据庙内碑文记载，五龙庙正殿建于唐大和六年(832)，距今1170多年，是中国现存第二古老的木构

建筑，也是仅存的四座唐代木构遗存中唯一的道教建筑。这四座唐代木构都在山西境内，按年代顺序分别是五台山南禅寺正殿、芮城五龙庙正殿、五台山大佛光寺东大殿和平顺县天台庵弥陀殿。而在今年4月对天台庵弥陀殿的一次落架大修中，发现关于它建造年代的题记——"大唐天成四年建创立"，这是五代后唐明宗的年号，距离唐王朝灭亡已有二十余年。如果这一证据被完全确认，那么唐代木构就只剩下"三个半"了，芮城五龙庙的文物价值相对更高。

但在这座偏于一隅的乡村小庙进入公众视野之前，这种文物价值只是遗产名录上的一个名字。"再生"源于一次偶然，2012年春天，万科高级副总裁丁长峰和一批文物爱好者按照一份古建文物名录到了芮城，几经周折才找到五龙庙。但当他满怀憧憬到了现场，看到的却是两间无人问津的庙宇，围墙外一片杂乱的垃圾堆场，还有几眼快要坍塌的窑洞。在一千余年的历史中，这里经历了几次重修，也差点在战争中被毁，所幸一直作为乡村的信仰载体而存在。最近的半个世纪，一度被用作村小学，但在20世纪80年代小学搬离之后，这座庙就彻底脱离了乡村的日常生活。因为农业灌溉技术的推广，祈雨的风俗早已不复存在，庙前喷涌的龙泉也在20年前干涸。丁长峰认为，五龙庙不再被使用，原来所依附的社会关系和生产关系荡然无存，才是它最大的危机。

几经辗转，这一发端最终以万科"龙·计划"落地——将五龙庙保护项目与2015年米兰世博会万科馆会后处置方案联系起来，由都市实践建筑事务所合伙人王辉操刀设计，于2016年5月14日竣工。一年之后在五龙庙的这场祈雨仪式，是"龙·计划"团队为竣工一周年专门组织的。这当然是一种表演性场景，但也可以说是对昔日寺庙作为乡村精神中心的情境重塑，对五龙庙重新回到村民日常生活的一种召唤。

如同传统乡村社会解体的隐喻，五龙庙的宗教功能消解之后，如何在一个空心化的村庄重建另一种神性？这是"龙·计划"要面对的。王辉认为，五龙庙的最重要价值在于它是仅有的四个唐代木构之一，否则也不会被尊为国宝。放大这个价值点，把主题由宗教引导到古建，用"知识情境"替代历史上的"民俗情境"，才是"活"的保护。

如今进入五龙庙，要从引导台阶逐级向上，穿过一片树木，继而转折，院墙尽端才是寺庙入口，进入的路径被尽可能拉长了。序庭是以仿当地黄土材料的混凝土挂板墙区隔的空间，地上刻着五龙庙足尺的剖面图，墙上则是中国古建筑时间轴，暗示游人将要开启一段中国古建筑之旅，而五龙庙就是承载它的露天博物馆。继续向前走，经过一个有纵深感的狭长通道，正对着五龙庙的侧面山墙。在王辉最早的设计草图中，在后来不同天气下的照片和速写中，这个角度都被着重强调了。他似乎是有意转换一个观察历史的视角，不同于传统寺院建筑中轴对称的礼制性序列，而是侧向进入，让人反观和反思，不急于进入历史性正殿，而是先绕向建筑师用当代语言营造的边缘地带。一系列混凝土挂板墙与青砖墙交替构成庭院和夹道，引导出一个曲折丰富的漫游路线：从解析四座唐代木构足尺斗拱模型的"斗拱院"，到介绍运城、临汾地区第六批全国文保单位的晋南古建展廊，再由台阶上到正殿背后的观景台，眺望近处的古魏国城墙遗址和远处的中条山，之后还可以绕到只有树木和石阶的冥想空间待一会儿。在这个似乎偏离中心的

当代性漫游中，其实中心从未缺席。在每一个边缘空间里，都可以从各种景框中观看五龙庙正殿。

由远及近，从外向内，从当代到历史，层层的铺陈让进入五龙庙正殿的过程更为郑重。仔细看这座正殿，坐北向南，平面呈长方形，五开间、四架椽、进深三间，单檐歇山顶。柱头斗拱为五铺双抄偷心造，各种斗敧部的幽度极深，拱瓣棱角鲜明，内部搁架铺作斗拱硕大，叉手长壮，侏儒柱细短，构成极平缓的厦坡。殿内无柱，梁架全部露明。整个建筑结构简练，古朴雄浑，展现了典型的唐代风格。对面的戏台建于清代，与唐代庙宇形成呼应。在这座露天古建筑博物馆中，中央的五龙庙正殿成为被层层烘托的最重要展品。

乡村文保的历史与现实

外地人第一次来五龙庙，一般都要先以永乐宫为坐标。五龙庙离永乐宫只有几百米，然而沿着永乐宫外墙找，还是很容易错过没有标志的中龙泉村村口。王辉2012年对五龙庙的第一印象，就是在堆满垃圾的高坎上，半露出了两个大屋顶，一个是庙宇，一个是戏台。"一条土坡路引到戏台东侧铁丝网上的披门，锁着的门上留着守庙人的电话。如果等不及，也可以扒开铁丝网钻进空荡荡的庙院。从地理位置上看，庙既是村子的绝对中心和制高点，也是村里的中央景观。而眼前的景象是对这种优越位置的颠覆，一个曾经的乡村日常生活中心彻

◎ 五龙庙看守人张勉朝（左）和范安琪

底被边缘化了。"

　　其实是先有五龙泉，后有五龙庙。如今庙还在，泉早已没有了。只剩庙里一块唐元和三年（808）的石碑，描述昔日庙前的五龙泉"菰蒲殖焉，鱼鳖生焉，古木骈罗，曲屿映带"。这一记载得到了两个看庙大爷张勉朝和范安琪的证实，"以前真的能捉到鱼和鳖呢"。两个大爷都已经70多岁，1958年要从五龙泉引水过去给永乐宫供水，他们亲眼见过在这里勘测凿井："打了30多米深，水喷出来一米多高。"他们说，以前中龙泉村周边被称作"小江南"，因为水特别多，流到周边形成很多湖，里面种着一人多高的竹子，小孩子们夏天在湖里游泳，冬天抓着竹子滑冰。附近的很多地名里还有水的印记，比如"东张村""西张村"，原来的名字其实是"东江村""西江村"。五龙泉更是被奉为"神水"，很多人都大老远来灌水，周边的庄稼也长得好，可以一年种两季，一季小麦，一季玉米。范安琪告诉我，据说清朝时，有一年正月十五村里舞龙，表演完后把龙放到五龙庙里存放，结果半夜里着火了，烧着了的龙头扎进了五龙庙的泉水里。后来村民都说，五龙庙里是祈雨的"水龙"，"火龙进不了水龙庙"。

　　历史混合着传说，但有两件事确凿地刻在了石碑上。张勉朝和范安琪带我去看那两块碑：一块是那块唐元和三年的石碑，记载了五龙泉的由来。大意是说当时一个姓于的县令，看周围水太大，决定兴修水渠，分流灌溉田埂。据说这里水利工程是历史上最早的。碑上还记载，五龙庙因泉而建，因为"泉主于神，能御旱灾，适合祀典"。另一块石碑是唐大和六年（832）的，记载了五龙庙的第一次重修。那是水渠和寺庙兴修20多年后，庙宇开始破败，此地也久旱不雨，村民求雨若渴。当时的袁县令夜有所梦，梦见龙王，梦醒后就去庙里祭祀，向龙王祈愿说如果三日后降雨，必将重谢。到了半夜，果然大降甘雨，势如盆倾，解了燃眉之急。袁县令兑现诺言准备修庙，见一条蛇锦背龙目，盘踞在废墟之上，更加不敢怠慢，"素捏真形，丹青绘壁，古木环郁，山翠迴合"。此

后有记载的重修就将近1000年之后了，有三块石碑为证，分别在清乾隆十一年（1746）重修大殿，乾隆二十三年（1758）建戏台和大殿东院墙，清嘉庆十一年（1806）再次重修戏台。大殿梁上也留有三次重修时的题记：清代两次，还有1958年的一次。

　　木结构建筑能够越过千年风霜，可算是奇迹。解放后，经历了几次文物普查，五龙庙的文物等级逐渐提升，从县级，到省级，再到2001年被列入第五批全国重点文物保护单位名单。等级越来越高，其物理状态也越来越受重视。

　　新中国成立后第一次有记载的大修，是1958年，正殿大梁上清晰标注着"一九五八年十一月十九日山西省文物管理委员会、芮城县人民委员会重修广仁庙纪念"的题记。但某种程度上，那次修缮算是一次文物"事故"。据亲历者回忆，那次并没有在意保持原貌，只求修好便可，工人们为了省事将檐椽外端腐朽的部分直接锯掉，改变了墙体形式，使正殿原有的部分唐代建筑风格丧失，被国家文物局发文批评。最近的一次维修，就在2013年。芮城县旅游文物局副局长景宏波告诉我，当时大殿瓦顶出现严重残损、漏雨，多数构件糟朽，墙身开裂，国家文物局拨款250万元，落架大修了正殿和清代戏台，重建了围墙，直到2014年9月才完工。遗憾的是，这次修复也无法完全消除1958年重修时的影响，只能尽量修旧如旧。

　　文物修复的只是外壳，让它能够持久活下去的还是日常的维护和使用。以前祈雨活动兴盛时自不必说，据说还有专门在庙前做法事的人，最神的绝技是把棍子插进腮里，一头插进去，一头拔出来，第二天一看这人好好的。范安琪告诉我，20世纪30年代日本人打过来，想要把庙拆了当柴烧，被县里的警备队队长拦住了，才免遭一劫，解放后这个队长也因为护庙有功，才没有像其他汉奸一样丢了性命，由此也可见五龙庙在老百姓心目中的地位。但祈雨的民间信仰逐渐衰微了，寺庙的香火也寥落了。像很多乡村庙宇一样，五龙庙也被改成了小学。

可以说，这让它重新与乡村生活建立了联系，成为另一种意义上的精神中心。张勉朝的小学就是在这儿上的，在他的记忆中，上课就在大殿和戏台，加几扇门就成了教室。后来学生多了，才又在东西两侧加建了五间教室。直到1981年，小学才搬了出去，五龙庙被收归文物部门管理。

景宏波1991年到芮城县博物馆，一直到2004年旅游文物局设立之前，文物管理都是由博物馆兼任，人力不足可以想见。他印象中，当时的广仁王庙的大殿和戏台早就没了香火，院里草长得很高，也没有围墙，只有一个放羊人偶尔看管，博物馆副馆长刘岱瑜兼任这里的文保员。1993年刘岱瑜退休了，他找到中龙泉村五位老人，说这是最后的唐代建筑，让他们帮着代管，还发了证。如今其中三位都不在了，剩下的两位就是张勉朝和范安琪。一开始看庙几乎是义务的，没有工资，两三年之后才开始一天5块钱，后来一天10块钱，最近这一年才涨到每月1100元。1996年前五龙庙没有围墙，他们白天来转转，晚上必须留一个人在庙里值班，就睡在戏台上，忍受着各种虫子、蝎子和蛇的侵扰，更别说常年漏雨了。2005年，他们五个人甚至想要自己筹资修庙，可能的情况下做成景点，有点门票收入。范安琪说，当时他们在文物部门的鼓励下，贷款2万多元，请了古建专家来测绘，出了修复方案，后来却被叫停了，本金和利息过了好几年才要回来。

人力有限，损毁就在所难免。他们谈起几年前唐碑的失窃，说窃贼光顾时有人在值夜，也不知是睡觉太沉还是窃贼手脚轻，一夜之间唐碑就被盗走，值班人浑然不知，第二天早上起来才发现。所幸很快将窃贼缉拿归案，唐碑也被追回。之后芮城县也不敢再把碑石留在原地，将碑与石碣全部从正殿墙上取下，运往县博物馆保存。在这一次"龙·计划"整治中，才从县博物馆把五块古代石碑拿回来，郑重镶嵌在院内中轴线上一堵砖墙上，它们成为这个露天博物馆最好的展览序言。

五龙泉的干涸也像是五龙庙命运的一种隐喻。村里人对此有多种说法，一说是不断有人往泉水里丢硬币祈祷龙王保佑，慢慢就把泉眼给堵住了。范安琪则告诉我："有水的地方就有灵气。这里出过三四斗芝麻那么多的官员，多到州府担心影响到统治，专门请了风水先生来看。后来命人做了个铁盖，把泉给封住了。"而真正的原因还是地下水超采，到了90年代末，泉水就彻底干涸了。

"原真性"的当下语境

当2015年万科再一次找过来的时候，五龙庙正处于它看上去最好的状态。大殿和戏台刚刚修复一新，围墙也重新砌好了。但是，围墙内干干净净，围墙外仍是一片狼藉。可以想象它几年后的状态，逃脱不了再次颓败的命运。丁长峰告诉我，针对这种乡村文保现状，他们提出的五龙庙环境整治的第一个目标就是"还庙于村"。

"龙·计划"执行负责人侯正华说，2015年1月，在王石要求下，万科开始策划米兰世博会万科馆的会后处置方案，上海世博会英国馆"种子圣殿"在会后拍卖种子用于公益事业的做法启发了他们。由丹尼尔·里伯斯金（Daniel Libeskind）设计的"万科馆"一建成，大家都说它像一条盘龙，身上的4000片红色釉面陶板，就像一片片龙鳞。丁长峰由此想到五龙庙，又重提对它的环境整治，定名为"龙·计划"。米兰世博会的主题是关于农业与食品的，而一座村里的龙王庙是中国传统农业社会和乡村文化的符号，两者之间存在某种关联。于是，万科向社会众筹，把形如龙鳞的4000片陶板拿出来拍卖，众筹款项作为启动资金，之后万科又投入一部分，加上国家文物局的拨款，共同推动实施五龙庙环境整治，之后无偿交与政府管理运营。

对于建筑师来说，改造一座庙宇，最大的挑战不是空间问题，而是如何处理它作为国保文物的身份。王辉对我说，因为大殿和戏台刚刚修缮，"龙·计划"不涉及文物本体，而是对文物周边环境进行整治。即便如此，他们的很多做法在文物界看来仍是突破性的，一度引起了很大争议，尤其是围绕文物遗产保护的"原真性"原则。

　　1964年的《威尼斯宪章》是对遗产保护原真性的最经典诠释，其中强调："历史文物建筑的概念，不仅包含个别的建筑作品，而且包含能够见证某种文明、某种有意义的发展或某种历史事件的城市或乡村环境。"王辉说，自从《威尼斯宪章》推广以来，最少干预文物所处的环境是遗产保护的普遍共识。整个五龙庙的环境整治设计过程经历了多次修改，也是在不断地减少不必要的干预，使五龙庙尽可能处于环境的真实性和完整性之中。但保持"原真性"在操作层面上存在着悖论，因为即使在县文物局组织挖了考古探沟后，也无以判断围绕五龙庙环境的原始状态。景宏波局长证实了这一点。据村里人说，正殿边应有左右两个配殿，但考古队挖了三条探方，没有挖掘出柱础，也就无恢复依据。

　　尽管物理隔绝式的做法可能在舆论上更"安全"，

但王辉不满足于建造一个静态的博物馆，他在设计中考虑更多的是如何在当下语境中活化文物。他认为，一件国宝的可持续生存，不是一座偏僻的乡村所能孤立地支撑的，需要用旅游业来支撑，需要特殊的文物表现方式。某种程度上，"原真性"原则也要立足于当下，只有让日常生活连续不断地介入五龙庙，只有让五龙庙的存在对于村里人来说是灵魂性的存在，它才具有原真性。

　　王辉对原真性的考虑在于，如何微调文物主体和其环境的空间关系，这种微调是润物细无声的。比如，拆掉南侧广场路边一处房子，获得向田野敞开的视野；正殿背后的北侧设置了观景台，可以眺望中条山和古魏城墙遗址；院落入口处铺设碎石，方便在当地特有的"湿陷性黄土"环境下雨中步行，也是让人能在人迹稀少的安静环境中感知自己的脚步声，从而有一种更好地在心灵上与古庙对话的意境；保留并加固了院墙外几孔夯土窑洞，那是当地传统的黄土穴居，强化了庙前公共空

◎ 从西侧思庭看五龙庙山墙

间的历史感和地域性；整理出五龙泉的断壁残垣，又从邻近的黄河边移植来芦苇，勾画无水的五龙泉。

看庙多年的张勉朝和范安琪对这个"新居"很满意。但他们对于五龙泉不能恢复一直感到遗憾，还专门去县文物局提意见："有了泉，庙才有灵气。哪怕弄个循环水，养点鱼，种上莲花，有个泉的样子呢？"

活化：一种隐性效应

五龙庙入口的墙壁上，镶嵌着一块1965年这里被设立为"山西省重点文物保护单位"的汉白玉石碑，路过的人都会停下来辨认碑文。一走到这儿，负责施工监理的薛文波就想起当时的一件奇事："我们先砌的这道墙，正要把石碑放上去，突然有一条白色的大蛇窜到碑后，怎么也弄不走，没办法，只能把它埋在里面了。那时候刚过了惊蛰，蛇刚刚出来，还不太能活动，没人看见它从哪儿冒出来的。再加上去年竣工时突然下雨，今年竣工一周年又下雨，真让人不得不相信神话了。"

但修庙的万科毕竟是"外来的和尚"。丁长峰告诉我，一开始听说万科对五龙庙有意，芮城县的一些领导也不理解，觉得万科就是来做房地产的，那可以来芮城选更重要的项目。有个领导直接跟他说："修这么一个小庙，对县里也是个负担。之后还要修路，要整治周边环境，不断有人来参观……这就像是给乡下穷亲戚送了一个大冰箱，本来我穷日子过得好好的，现在还要交电费，来了人还要买菜，买猪肉。"

五龙庙被选中，让所在地城南村村主任王民刚也颇为意外。他告诉我："五龙庙在芮城县志上只有很简单的两行介绍，后来五龙泉没水了，更被人忽略了。"2015年米兰世博会"龙·计划"启动时，王民刚被邀请作为村民代表去米兰，他一开始还有些担心，"这毕竟涉及到宗教问题、信仰问题。前一阵附近有个庙会，村支书上台讲了话，就被免职了"。世博会"龙·计划"现场的隆重也让他措手不及，准备的介绍五龙庙的讲稿没用上，干脆临场发挥了。

五龙庙的存在并不是孤例。它所在的自然村是中龙泉村，行政上则属于城南村。所谓"城南"，是指古魏国城墙遗址的南面。古魏国原为商朝时的古芮国，西周初年周成王分封时改为"魏"，其后为晋国所灭。据考古勘测，古魏国方圆大约4公里，但如今已经难以建立清晰的古魏国地理边界。薛文波带我去寻找所剩无几的城墙遗址：地面可见的遗址还剩南、西、北三处月牙状夯土台，南段遗址在永乐宫内，西段在一片空旷的农田里，最高处大约7米，可以看到一层层夯土的印迹。不过这么多年湿陷性黄土的沉降，无人监管环境下农民挖土种地，遗址面积不断在缩小。北段就在中龙泉村，从五龙庙高处向北眺望可见。我们从村里一处土坡攀爬到遗址上面，遗址和村里的田埂以及散落在田间的窑洞混杂在一起，几乎难以分辨。

从更大范围来看，芮城是一个浑然天成的独立地理单元。它位于山西、陕西、河南三省交界处，黄河中游在它的东面和南面形成一个90度的大拐弯。据说芮城的"芮"字，本意是黄河弯曲之处，水草茂盛之地。中国社科院考古所原所长刘庆柱指出，因为北靠山，南有水，让芮城从周边独立出来。芮城和它所在的地级市运城隔着中条山，习俗上就不大一样，和晋中、晋北更是两个体系了，反而和陕西、河南更接近。他说，之前国家曾经组织过夏商周断代工程，后来又组织了太原工程，来寻找中国的源头在哪，现在大家一致认为这个源头就在豫西、晋南这一代。再向前追溯，这里还是尧、舜、禹活动的中心区域，周围有很多古地名都暗示了这一点，比如"见帝村"，是尧访问舜的村子，附近还有"东尧村""西尧村"；"历山"，自古有舜耕历山的传说；"大禹渡"，顾名思义是大禹治水的渡口。

都说"地上文物看山西"，元以前的中国古建筑，70%以上都在山西。而在晋南地区，地下文物也很丰富。芮城县旅游文物局副局长景宏波告诉我，芮城这么个小县，就有12处国家级文物保护单位，包括5处古建、7处遗址，再加上省级、市级、县级文物，一共200多处，而且是少有的"唐、宋、元、明、清不断代"。从另一方面看，也带来了繁重的管理难题。因为中国实行"属地管理、分级负责"的文物保护体制，市级、县级文物的经费主要由市、县财政自己承担，面对数量庞大的低级别古建筑，市、县财政显得力不从心，部分古建甚至很难获得经费支持。2013年底，山西省也尝试鼓励民间资本参与文物保护，让当地企业家"认领"修缮一批迫切需要保护的古建筑。景洪波认为，这次的五龙庙环境整治，无论是主体还是思路，都可算是文物保护的另一种"活化"尝试，对于金字塔底端的基层文保尤其有参考价值。

虽然芮城文物遍地，但也分散，"活化"并不容易。如果说有什么主线，当属道教文化。五龙庙是中国现存最早的道教建筑，而最有品牌效应的永乐宫，更是道教的三大主庭之一。永乐宫以壁画闻名，尤其是三清殿内的《朝元图》，不说遍布其上的众神仙面目姿态各异，单看衣带的细节就让人叹为观止，细长的线条多是刚劲而畅顺地一笔画上去，继承了唐、宋以后盛行的吴道子"吴带当风"的传统，而且准确地表现了衣纹转折与肢体运动的关系。这次来到芮城才知道，目前这座位于中龙泉村旁的永乐宫是1959年从20公里远的永乐镇整体搬迁过来的。当年要修三门峡水库，永乐宫原址正在水库设计的蓄水区，周恩来总理亲自决定要将这座元代宫殿搬迁重建。曾参与永乐宫搬迁的文物局退休职工和春成告诉我，建筑搬迁还相对容易，难的是将近1000平方米的壁画怎么搬走。最终的方案是先拆几座宫殿的屋顶，再以特殊的人力拉锯法，用锯片极细微地将附有壁画的墙壁逐块锯下，共锯出了550多块，每一块都画上记号。再以同样的锯法，把牢固地附在墙上的壁画分出来，使之与墙面分离，然后全部画上记号，放入垫满了厚棉胎的木箱中。墙壁、壁画薄片和其他构件，逐步运到中条山麓，先重建宫殿，在墙的内壁上新铺上一层木板，再逐片地将壁画贴上，最后由画师将壁画加以仔细修饰，整个搬迁工程用了五年。和春成告诉我，如果仔细看大殿外墙，其实还留着隐藏的门，由此可以进入中

© 2017年5月14日「龙·计划」团队纪念五龙庙建成一周年植树祈福

空的墙体，也是为了便于壁画的维修。在当年的历史条件下，搬迁不可谓不成功，不过后来让人叹息的是，因为没有准确估算到黄河泥沙的淤积，三门峡水库设计出现众多失误，不得不降低水位，黄河水最终并未对永乐宫原址构成威胁。

其实永乐宫是俗称，其本名为"大纯阳万寿宫"，为纪念道教全真道师祖吕洞宾而建，"纯阳子"是吕洞宾的道号。芮城县副县长赵伟兵带我们去寻找永乐宫原址，他说，永乐宫蕴含的道教文化，要去那里才有更深体会。原址在永乐镇招贤村，距离黄河北岸只有600多米。这里是吕洞宾的出生地，元代道教被定为国教，全真教首领丘处机就在这里兴建了规模浩大的纪念吕祖的宫殿，中轴线上有山门、龙虎殿、三清殿、纯阳殿、重阳殿五座建筑，据说施工期前后长达110多年，几乎与元朝相始

终。如今永乐宫已经搬走50多年，这里复垦了麦田，修了公路，宫殿原址只剩下三清殿的一部分台基残留。附近还有一座吕公祠，是20世纪八九十年代由村民集资新建的。我们在这里又遇见了五龙庙竣工一周年仪式时请去的卫姓道士，他有点措手不及，手机里的流行乐正放得响亮。他后来跟我说，这里就是他们的"家"，他是当家人，还有16个师兄弟在各地挂单。即便是吕公祠，平时香火也不旺，来的道士也越来越少，这也是道教现状。

永乐宫旧址所在地是吕洞宾的出生地，而距离这里18公里的九峰山，则是吕洞宾成道地。赵伟兵告诉我，公元1252年，永乐宫开工5年之后，元世祖忽必烈命兴建九峰山纯阳上宫，历时18年建成，与永乐宫也即纯阳下宫相呼应，可惜现已不存。2006年开始，九峰山纯阳上宫开始复建，建建停停，至今已经11年。赵伟兵带我们上山去看木结构已经搭好的纯阳上宫，在"九峰玉椅"的环抱中，依稀有了昔日道教名庭的影子。让赵伟兵激动的是，几年前他们偶然发现，在纯阳上、下宫之间280多平方公里区域内的12座道教宫观遗址，标注在芮城地形图上，并与《内经图》重叠后，其所处位置竟与《内经图》上的重要部位完全重合。他认为，这让纯阳上宫的重建更为名正言顺了，由此带来的旅游产业潜力也更大。

从米兰回来之后，王民刚花了一万块钱参与"龙·计划"众筹，留下一片"龙鳞"作纪念。但对他来说，最迫切的问题是村民的现实利益。五龙庙整治能够给村庄带来什么？他还看不清楚。城南村有2470人，几乎全部务农，基本都是标准的"一亩三分地"，人均年收入只有4000元。整治后的五龙庙对村民免费，对游客每人收费15元，门票收入先交由县财政，再由财政全额返还用于五龙庙的运营和维护，村里并没有收益。有多年景区开发经验的薛文波测算过，五龙庙改造前，游人来了就是上土坡看看大殿，半个小时就够了；现在来的大多数是建筑专业人士，看看大殿，看看古魏国遗址，看看碑刻

和古代建筑展，会延长到两个小时，但还是没有打破芮城旅游"永乐宫+五龙庙+大禹渡"的半日游模式。在村民们看来，目前的五龙庙看上去很美，但还是留不住人，他们不愿意为一线商机去冒险。

其实五龙庙的"活化"效应更多是隐性的。如今，因为五龙庙，也因为这里是待开发的城郊结合部，各种投资已经开始涌向城南村，王民刚形容是"一片热土"。对这个村庄来说，目前触手可及的是永乐宫壁画临摹基地的筹建。因为永乐宫壁画出名，每年全国各大美院都有学生来参观临摹，久而久之形成了一个稳定产业。以前的临摹画室就在永乐宫的侧院，学生们平时就散住在永乐宫家属区和周边小旅馆里。据说未来的临摹基地将大大升级，规划用地800亩，城南村占其中的378亩。

但薛文波不看好这种大建基地的模式："虽说每年都会来7000多学生，但这就是个'流水席'，学生一般在这里待两周，吃住简单，消费水平也不高，人均每天花费50块钱左右。建一个800亩的正式基地，一人顶多管5亩，光日常维护就得多少人、多少钱？学生们乐得自由自在，还不一定愿意集中在一起。最后结果很可能就是，钱花出去了，房子建起来了，没人来，空在那里。"他和王辉向县里建议，不如就在周边的村子里设点，鼓励村民改造自己家空闲的房子，做针对学生群体的民宿，这样还可以把乡村游激活，古魏国城墙、永乐宫、五龙庙几个点也能串起来了。

"目前的五龙庙隐隐约约有了一点精神空间的影子，但还只是个空壳，没有内容。如果能和附近乡村的产业转型结合起来，把当代生活嫁接到国保文物中去，也是一举两得。"王辉说，这也是他们在这个偏远县城探索文物保护可能性的意义所在。

由「龙·计划」引起的媒体关于文物保护的讨论

2017年6月19日,《人民日报》发表了记者刘鑫焱、乔栋的署名文章《领养文物 精准呵护（走转改·一线调查）》。这篇文章针对山西省文物保有量大但有效管理难以全覆盖的境况,提出政府应鼓励社会力量进入文保领域,探索全社会共同参与保护文物的新路径。文章以芮城县五龙庙为例,通过实地走访调查,肯定了万科集团通过"龙·计划"对五龙庙环境提升所做出的成绩。以下援引该文章中有关五龙庙的部分内容:

五龙庙坐落于山西运城市芮城县,是为数不多的唐代木结构建筑之一。走到五龙庙外,山坡下规划的是别具一格的园林风格,环形绕向山坡上,便是五龙庙大门。走进去,以建筑废材为原料修成的"土坯墙"让人眼前一亮。墙面上有五龙庙的介绍,有山西省各种木制建筑的解析图。看完这些,而后可进到中央广场。

然而,此时此刻,五龙庙依然侧对着游客,再辗转踱步前行,才能欣赏到它的"正脸"。另外一侧,还有建筑细节的放大雕塑,游客能以此了解、学习其精湛的建筑技艺。这是一个典型"游学思乐"的景区规划理念。

不仅如此,为了"连接自然",让游客在景区里就能看到外面的农田,这里的墙修得很矮。但矮并不意味着安全系数的降低,设计者又在墙外挖有一圈五米深的沟,摄像头覆盖了景区内的全部角落,并有身着制服的专职人员24小时巡护。

这样的规划设计、安全防护,让人很难与"破旧""被盗"联系起来。刘海波说,以前五龙庙发生过被盗事件,旁边还有个垃圾场,之所以能变成现在的样子,得益于社会力量的参与。

他所说的"社会力量",是指万科集团。2013年,万科提出修复五龙庙,重做五龙庙的规划设计和保护。当时尚无先例,芮城县委、县政府审慎考虑后,认为文物主体修复应由专门团队来做,但是周边的规划、安保等工作可以让社会资本参与。

仅用时一年,五龙庙旧貌换新颜,完成华丽转身。

作者简介（以拼音字母为序）

陈　薇	东南大学建筑学院教授
丁长峰	万科企业股份有限公司高级副总裁
窦平平	南京大学建筑与城市规划学院副教授/LanD Studio主持建筑师
贺大龙	山西省古建筑保护研究所副研究馆员
韩家英	设计师/韩家英设计公司创办人
黄居正	原《建筑师》杂志主编，现《建筑学报》杂志执行主编
侯正华	米兰世博会万科馆执行馆长/"龙·计划"执行负责人
贾冬婷	《三联生活周刊》杂志主笔
贾　蓉	大栅栏琉璃厂文化发展公司常务副总经理
鲁安东	南京大学建筑与城市规划学院教授/南京大学－剑桥大学建筑与城市合作研究中心主任
刘涤宇	同济大学建筑与城市规划学院副教授
刘克成	西安建筑科技大学建筑学院教授
刘文鼎	北京文鼎筑城建筑设计咨询有限公司创始人、主持建筑师
李兴钢	中国建筑设计院有限公司总建筑师
刘　勇	历史学硕士，人文旅行家（《发现最美古中国 山西秘境》作者）
吕　舟	清华大学教授/清华大学国家遗产中心主任
王　辉	URBANUS都市实践创始合伙人、主持建筑师
王舒展	《AC建筑创作》杂志主编
张宝贵	北京宝贵造石艺术科技有限公司创始人
张　璐	北京墨臣建筑设计事务所副总建筑师
张路峰	中国科学院大学建筑中心教授
周　畅	原《建筑学报》杂志主编，原中国建筑学会副理事长
周　榕	清华大学建筑学院副教授
庄惟敏	清华大学建筑学院院长/清华大学建筑设计研究院院长兼总建筑师